中华人民共和国行业标准

公路工程质量检验评定标准

第一册　土建工程

Quality Inspection and Evaluation Standards for Highway Engineering

Section 1　Civil Engineering

JTG F80/1—2004

主编部门：交通部公路科学研究所
批准部门：中华人民共和国交通部
施行日期：2005年01月01日

人民交通出版社

图书在版编目（C I P）数据

公路工程质量检验评定标准. 第1册，土建工程/交通部公路科学研究所主编. --北京：人民交通出版社，2004.11（2007.11重印）

ISBN 978-7-114-05327-6

Ⅰ. 公…　Ⅱ. 交…　Ⅲ. ①道路工程-质量检验-标准-中国②筑路-质量检验-标准-中国　Ⅳ. U415.12-65

中国版本图书馆CIP数据核字（2004）第109581号

中华人民共和国行业标准
公路工程质量检验评定标准
第一册　土 建 工 程
JTG F80/1-2004
交通部公路科学研究所　主编
人民交通出版社出版发行
（100011　北京市朝阳区安定门外外馆斜街3号　59757973）
各地新华书店经销
北京市密东印刷有限公司印刷
开本：880×1230　1/16　印张：14.75　字数：220千
2004年10月　第1版
2017年4月　第31次印刷
定价：46.00元
ISBN 978-7-114- 05327- 6

关于发布《公路工程质量检验评定标准》的公告

第 25 号

现发布《公路工程质量检验评定标准》(土建工程)(JTG F80/1—2004)与《公路工程质量检验评定标准》(机电工程)(JTG F80/2—2004),自 2005 年 1 月 1 日起实行,原《公路工程质量检验评定标准》(JTJ 071—98)同时废止。

《公路工程质量检验评定标准》(土建工程)(JTG F80/1—2004)与《公路工程质量检验评定标准》(机电工程)(JTG F80/2—2004)由交通部公路科学研究所主编,标准的管理权和解释权归交通部,日常的具体解释和管理工作由交通部公路科学研究所负责。

请各有关单位在实践中注意积累资料,总结经验,及时将发现的问题和修改意见函告交通部公路科学研究所(北京海淀区西土城路 8 号,邮政编码:100088),以便修订时参考。

特此公告。

中华人民共和国交通部

二○○四年九月四日

前　　言

1998年11月3日,中华人民共和国交通部以交公路发[1998]670号文发布了行业标准《公路工程质量检验评定标准》(JTJ 071—98),于1999年7月1日开始施行。这一标准作为公路工程建设中必须严格执行的主要技术法规,对于加强工程技术管理和质量监控起到了重要作用。

近年来,公路建设的投资大幅度增加,建设进程大大加快,高速公路里程快速增长,积累了丰富的经验。为此,交通部公路司于2001年下达了《公路工程质量检验评定标准》(JTJ 071—98)修订任务。

本次修订的主要内容是:修订总则,增加术语一章;工程质量评定方法单列一章,并增加分项工程检测评定关键项目及其要求;结合技术发展和应用实践,调整了路面、桥梁、涵洞工程和隧道工程的内容;对交通安全设施的质量标准进行了适当调整,增补了公路机电工程质量检验评定标准,并独立成册发布;增补了环保工程的技术内容;开发了质量评定管理软件,对标准正文存在的问题和某些文字表述以及部分条文说明作了必要的修改等。《公路工程质量检验评定标准》的修订力求与新近颁布的国家标准、交通行业标准协调一致。

修订后的《公路工程质量检验评定标准》必将促进公路建设的健康发展,确保工程质量的稳步提高。

请各有关单位将执行本标准中所发现的问题和意见函告交通部公路科学研究所(地址:北京市海淀区西土城路8号,邮政编码:100088),以便下次修订时参考。

主 编 单 位:交通部公路科学研究所
参 编 单 位:北京市公路工程质量监督站
中国路桥(集团)第一公路工程局
重庆交通科研设计院
主要起草人:孟书涛　王国亮　周绪利　楼庄鸿　曾沛霖　田克平
任尚强　杨久龄　邵社刚　唐琤琤　张　涛　尚晓东
魏道新　魏新农　上官甦

目　　录

1 总则

1.0.1 目的

为了加强公路工程质量管理,统一公路工程质量检验标准和评定标准,保证工程质量,制定本标准。

1.0.2 适用范围

本标准适用于四级及四级以上公路新建、改建工程的质量检验评定,其环保、机电工程部分按相应具体规定执行。

本标准适用于公路工程施工单位、工程监理单位、建设单位、质量检测机构和质量监督部门对公路工程质量的管理、监控和检验评定。

1.0.3 与相关规范关系

公路工程质量检验评定应以本标准为准。质量标准与其他规范不一致时,宜以颁布年份最新者为准。

在公路施工、质量管理和工程质量检验评定中,除应符合本标准外,尚应符合现行国家、交通部颁布的相关规范的规定。

1.0.4 特殊工程

对特大桥梁、特长隧道、特殊地区,或采用新材料、新结构、新工艺的工程,在本标准中缺乏适宜的技术规定时,在确保工程质量的前提下,可参照相关标准或按照实际情况制定相应的技术标准,并按规定报主管部门批准。

2　术语

2.0.1　检验　inspection

对检验项目中的性能进行量测、检查、试验等,并将结果与标准规定要求进行比较,以确定每项性能是否合格所进行的活动。

2.0.2　评定　evaluation

依据检验结果对工程质量进行评分并确定其等级的活动。

2.0.3　关键项目 dominant item

分项工程中对安全、卫生、环境保护和公众利益起决定性作用的实测项目。

2.0.4　一般项目　general item

分项工程中除关键项目以外的实测项目。

2.0.5　外观(质量)　quality of appearance

通过观察和必要的量测所反映的工程外在质量。

2.0.6　权值　weight number

对工程项目或检测指标根据其重要程度所赋予的数值。

3 工程质量评定

3.1 一般规定

3.1.1 根据建设任务、施工管理和质量检验评定的需要,应在施工准备阶段按本标准附录A将建设项目划分为单位工程、分部工程和分项工程。施工单位、工程监理单位和建设单位应按相同的工程项目划分进行工程质量的监控和管理。

1 单位工程

在建设项目中,根据签订的合同,具有独立施工条件的工程。

2 分部工程

在单位工程中,应按结构部位、路段长度及施工特点或施工任务划分为若干个分部工程。

3 分项工程

在分部工程中,应按不同的施工方法、材料、工序及路段长度等划分为若干个分项工程。

3.1.2 工程质量检验评分以分项工程为单元,采用100分制进行。在分项工程评分的基础上,逐级计算各相应分部工程、单位工程、合同段和建设项目评分值。

3.1.3 工程质量评定等级分为合格与不合格,应按分项、分部、单位工程、合同段和建设项目逐级评定。

3.1.4 施工单位应对各分项工程按本标准所列基本要求、实测项目和外观鉴定进行自检,按附录J中“分项工程质量检验评定表”及相关施工技术规范提交真实、完整的自检资料,对工程质量进行自我评定。

工程监理单位应按规定要求对工程质量进行独立抽检,对施工单位检评资料进行签认,对工程质量进行评定。

建设单位根据对工程质量的检查及平时掌握的情况,对工程监理单位所做的工程质量评分及等级进行审定。

质量监督部门、质量检测机构可依据本标准对公路工程质量进行检测、鉴定。

3.2 工程质量评分

3.2.1 分项工程质量评分

分项工程质量检验内容包括基本要求、实测项目、外观鉴定和质量保证资料四个部分。只有在其使用的原材料、半成品、成品及施工工艺符合基本要求的规定，且无严重外观缺陷和质量保证资料真实并基本齐全时，才能对分项工程质量进行检验评定。

涉及结构安全和使用功能的重要实测项目为关键项目(在文中以“Δ”标识)，其合格率不得低于90%(属于工厂加工制造的桥梁金属构件不低于95%，机电工程为100%)，且检测值不得超过规定极值，否则必须进行返工处理。

实测项目的规定极值是指任一单个检测值都不能突破的极限值，不符合要求时该实测项目为不合格。

采用附录B至附录I所列方法进行评定的关键项目，不符合要求时则该分项工程评为不合格。

分项工程的评分值满分为100分，按实测项目采用加权平均法计算。存在外观缺陷或资料不全时，应予减分。

$$\text{分项工程得分} = \frac{\sum[\text{检查项目得分} \times \text{权值}]}{\sum \text{检查项目权值}}$$

$$\text{分项工程评分值} = \text{分项工程得分} - \text{外观缺陷减分} - \text{资料不全减分}$$

(1) 基本要求检查

分项工程所列基本要求，对施工质量优劣具有关键作用，应按基本要求对工程进行认真检查。经检查不符合基本要求规定时，不得进行工程质量的检验和评定。

(2) 实测项目计分

对规定检查项目采用现场抽样方法，按照规定频率和下列计分方法对分项工程的施工质量直接进行检测计分。

检查项目除按数理统计方法评定的项目以外，均应按单点(组)测定值是否符合标准要求进行评定，并按合格率计分。

$$\text{检查项目合格率} = \frac{\text{检查合格的点(组)数}}{\text{该检查项目的全部检查点(组)数}} \times 100\%$$

$$\text{检查项目得分} = \text{检查项目合格率} \times 100$$

(3) 外观缺陷减分

对工程外表状况应逐项进行全面检查，如发现外观缺陷，应进行减分。对于较严重的外观缺陷，施工单位须采取措施进行整修处理。

(4) 资料不全减分

分项工程的施工资料和图表残缺，缺乏最基本的数据，或有伪造涂改者，不予检验和评定。资料不全者应予减分，减分幅度可按本标准3.2.4条所列各款逐款检查，视资料不全情况，每款减1~3分。

3.2.2 分部工程和单位工程质量评分

附录A所列分项工程和分部工程区分为一般工程和主要(主体)工程，分别给以1和2的权值。进行分部工程和单位工程评分时，采用加权平均值计算法确定相应的评分值。

$$分部(单位)工程评分值=\frac{\sum[分项(分部)工程评分值\times 相应权值]}{\sum 分项(分部)工程权值}$$

3.2.3 合同段和建设项目工程质量评分

合同段和建设项目工程质量评分值按《公路工程竣(交)工验收办法》计算。

3.2.4 质量保证资料

施工单位应有完整的施工原始记录、试验数据、分项工程自查数据等质量保证资料，并进行整理分析，负责提交齐全、真实和系统的施工资料和图表。工程监理单位负责提交齐全、真实和系统的监理资料。质量保证资料应包括以下六个方面：

(1) 所用原材料、半成品和成品质量检验结果；

(2) 材料配比、拌和加工控制检验和试验数据；

(3) 地基处理、隐蔽工程施工记录和大桥、隧道施工监控资料；

(4) 各项质量控制指标的试验记录和质量检验汇总图表；

(5) 施工过程中遇到的非正常情况记录及其对工程质量影响分析；

(6) 施工过程中如发生质量事故，经处理补救后，达到设计要求的认可证明文件。

3.3 工程质量等级评定

3.3.1 分项工程质量等级评定

分项工程评分值不小于 75 分者为合格，小于 75 分者为不合格；机电工程、属于工厂加工制造的桥梁金属构件不小于 90 分者为合格，小于 90 分者为不合格。

评定为不合格的分项工程，经加固、补强或返工、调测，满足设计要求后，可以重新评定其质量等级，但计算分部工程评分值时按其复评分值的 90%计算。

3.3.2 分部工程质量等级评定

所属各分项工程全部合格，则该分部工程评为合格；所属任一分项工程不合格，则该分部工程为不合格。

3.3.3 单位工程质量等级评定

所属各分部工程全部合格，则该单位工程评为合格；所属任一分部工程不合格，则该单位工程为不合格。

3.3.4 合同段和建设项目质量等级评定

合同段和建设项目所含单位工程全部合格，其工程质量等级为合格；所属任一单位工程不合格，则合同段和建设项目为不合格。

4　路基土石方工程

4.1　一般规定

4.1.1　土方路基和石方路基的实测项目技术指标的规定值或允许偏差按高速公路、一级公路和其他公路(指二级及以下公路)两档设定,其中土方路基压实度按高速公路和一级公路、二级公路、三级和四级公路三档设定。

4.1.2　本章规定的实测项目的检查频率,如果检查路段以延米计时,则为双车道公路每一检查段内的最低检查频率;多车道公路必须按车道数与双车道之比,相应增加检查数量。

4.1.3　路基压实度须分层检测,并符合附录B的规定。路基其他检查项目均在路基顶面进行检查测定。

4.1.4　路肩工程可作为路面工程的一个分项工程进行检查评定。

4.1.5　服务区停车场、收费广场的土方工程压实标准可按土方路基要求进行监控。

4.2　土方路基

4.2.1　基本要求

1) 在路基用地和取土坑范围内,应清除地表植被、杂物、积水、淤泥和表土,处理坑塘,并按规范和设计要求对基底进行压实。

2) 路基填料应符合规范和设计的规定,经认真调查、试验后合理选用。

3) 填方路基须分层填筑压实,每层表面平整,路拱合适,排水良好。

4) 施工临时排水系统应与设计排水系统结合,避免冲刷边坡,勿使路基附近积水。

5) 在设定取土区内合理取土,不得滥开滥挖。完工后应按要求对取土坑和弃土场进行修整,保持合理的几何外形。

4.2.2　实测项目

见表4.2.2。

表 4.2.2　土方路基实测项目

<table>
<tr><th rowspan="3">项次</th><th rowspan="3" colspan="3">检 查 项 目</th><th colspan="3">规定值或允许偏差</th><th rowspan="3">检查方法和频率</th><th rowspan="3">权值</th></tr>
<tr><th rowspan="2">高速公路
一级公路</th><th colspan="2">其他公路</th></tr>
<tr><th>二级
公路</th><th>三、四级
公路</th></tr>
<tr><td rowspan="5">1Δ</td><td rowspan="5">压实度（%）</td><td rowspan="2">零填及挖方(m)</td><td>0～0.30</td><td>—</td><td>—</td><td>94</td><td rowspan="5">按附录 B 检查。
密度法：每 200m 每压实层测 4 处</td><td rowspan="5">3</td></tr>
<tr><td>0～0.80</td><td>≥96</td><td>≥95</td><td>—</td></tr>
<tr><td rowspan="3">填方（m）</td><td>0～0.80</td><td>≥96</td><td>≥95</td><td>≥94</td></tr>
<tr><td>0.80～1.50</td><td>≥94</td><td>≥94</td><td>≥93</td></tr>
<tr><td>>1.50</td><td>≥93</td><td>≥92</td><td>≥90</td></tr>
<tr><td>2Δ</td><td colspan="3">弯沉(0.01mm)</td><td colspan="3">不大于设计要求值</td><td>按附录 I 检查</td><td>3</td></tr>
<tr><td>3</td><td colspan="3">纵断高程（mm）</td><td>+10，－15</td><td colspan="2">+10，－20</td><td>水准仪：每 200m 测 4 断面</td><td>2</td></tr>
<tr><td>4</td><td colspan="3">中线偏位（mm）</td><td>50</td><td colspan="2">100</td><td>经纬仪：每 200m 测 4 点，弯道加 HY、YH 两点</td><td>2</td></tr>
<tr><td>5</td><td colspan="3">宽度(mm)</td><td colspan="3">符合设计要求</td><td>米尺：每 200m 测 4 处</td><td>2</td></tr>
<tr><td>6</td><td colspan="3">平整度（mm）</td><td>15</td><td colspan="2">20</td><td>3m 直尺：每 200m 测 2 处×10 尺</td><td>2</td></tr>
<tr><td>7</td><td colspan="3">横坡(%)</td><td>±0.3</td><td colspan="2">±0.5</td><td>水准仪：每 200m 测 4 个断面</td><td>1</td></tr>
<tr><td>8</td><td colspan="3">边坡</td><td colspan="3">符合设计要求</td><td>尺量：每 200m 测 4 处</td><td>1</td></tr>
</table>

注：①表列压实度以重型击实试验法为准，评定路段内的压实度平均值下置信界限不得小于规定标准，单个测定值不得小于极值(表列规定值减 5 个百分点)；按不小于表列规定值减 2 个百分点的测点数量占总检查点数的百分率计算合格率。

②采用核子仪检验压实度时应进行标定试验，确认其可靠性。

③特殊干旱、特殊潮湿地区或过湿土路基，可按交通部颁发的路基设计、施工规范所规定的压实度标准进行评定。

④三、四级公路铺筑沥青混凝土或水泥混凝土路面时，其路基压实度应采用二级公路标准。

4.2.3　外观鉴定

1）路基表面平整，边线直顺，曲线圆滑。不符合要求时，单向累计长度每 50m 减 1～2 分。

2）路基边坡坡面平顺、稳定，不得亏坡，曲线圆滑。不符合要求时，单向累计长度每 50m 减 1～2 分。

3）取土坑、弃土堆、护坡道、碎落台的位置适当，外形整齐、美观，防止水土流失。不符合要求时，每处减1～2 分。

4.3　石方路基

4.3.1　基本要求

1）石方路堑的开挖宜采用光面爆破法。爆破后应及时清理险石、松石，确保边坡安全、稳定。

2）修筑填石路堤时,应进行地表清理,逐层水平填筑石块,摆放平稳,码砌边部。填筑层厚度及石块尺寸应符合设计和施工规范规定。填石空隙用石碴、石屑嵌压稳定。上、下路床填料和石料最大尺寸应符合规范规定。采用振动压路机分层碾压,压至填筑层顶面石块稳定,20t 以上压路机振压两遍无明显标高差异。

3）路基表面应整修平整。

4.3.2 实测项目

见表 4.3.2。

表 4.3.2　石方路基实测项目

<table>
<tr><th rowspan="2">项次</th><th rowspan="2" colspan="2">检 查 项 目</th><th colspan="2">规定值或允许偏差</th><th rowspan="2">检查方法和频率</th><th rowspan="2">权值</th></tr>
<tr><th>高速公路
一级公路</th><th>其他公路</th></tr>
<tr><td>1</td><td colspan="2">压实</td><td colspan="2">层厚和碾压遍数符合要求</td><td>查施工记录</td><td>3</td></tr>
<tr><td>2</td><td colspan="2">纵断高程(mm)</td><td>+10,-20</td><td>+10,-30</td><td>水准仪:每 200m 测 4 断面</td><td>2</td></tr>
<tr><td>3</td><td colspan="2">中线偏位 (mm)</td><td>50</td><td>100</td><td>经纬仪:每 200m 测 4 点,弯道加 HY、YH 两点</td><td>2</td></tr>
<tr><td>4</td><td colspan="2">宽度 (mm)</td><td colspan="2">符合设计要求</td><td>米尺:每 200m 测 4 处</td><td>2</td></tr>
<tr><td>5</td><td colspan="2">平整度 (mm)</td><td>20</td><td>30</td><td>3m 直尺:每 200m 测 2 处×10 尺</td><td>2</td></tr>
<tr><td>6</td><td colspan="2">横坡 (%)</td><td>±0.3</td><td>±0.5</td><td>水准仪:每 200m 测 4 断面</td><td>1</td></tr>
<tr><td rowspan="2">7</td><td rowspan="2">边坡</td><td>坡度</td><td colspan="2">符合设计要求</td><td rowspan="2">每 200m 抽查 4 处</td><td rowspan="2">1</td></tr>
<tr><td>平顺度</td><td colspan="2">符合设计要求</td></tr>
</table>

注:土石混填路基压实度或固体体积率可根据实际可能进行检验,其他检测项目与石方路基相同。

4.3.3 外观鉴定

1）上边坡不得有松石。不符合要求时,每处减 1~2 分。

2）路基边线直顺,曲线圆滑。不符合要求时,单向累计长度每 50m 减 1~2 分。

4.4　软土地基处治

4.4.1 基本要求

1）换填地基的填筑压实要求同 4.2 土方路基。

2）砂垫层:砂的质量和规格必须符合设计要求和规范规定;适当洒水,分层压实;砂垫层宽度应宽出路基边脚 0.5~1.0m,两侧端以片石护砌;砂垫层厚度及其上铺设的反滤层应符合设计要求。

3）反压护道:填筑材料、护道高度、宽度应符合设计要求,压实度不低于 90%。

4）袋装砂井、塑料排水板:砂的质量、规格、砂袋织物质量和塑料排水板质量必须符合设计要求;砂袋和塑料排水板下沉时不得出现扭结、断裂等现象;井(板)底标高必须符合设计要求,其顶端必须按规范要求伸入砂垫层。

5）碎石桩：碎石材料应符合设计要求；应严格按试桩结果控制电流和振冲器的留振时间；分批加入碎石，注意振密挤实效果，防止发生“断桩”或“颈缩桩”。

6）砂桩：砂料应符合规定要求；砂的含水量应根据成桩方法合理确定；应确保桩体连续、密实。

7）粉喷桩：水泥应符合设计要求；根据成桩试验确定的技术参数进行施工；严格控制喷粉时间、停粉时间和水泥喷入量，不得中断喷粉，确保粉喷桩长度；桩身上部范围内必须进行二次搅拌，确保桩身质量；发现喷粉量不足时，应整桩复打；喷粉中断时，复打重叠孔段应大于1m。

8）软土地基上的路堤，应在施工过程中进行沉降观测和稳定性观测，并根据观测结果对路堤填筑速率和预压期等作必要调整。

4.4.2 实测项目

见表4.4.2-1至表4.4.2-4。

表 4.4.2-1 砂垫层实测项目

项次	检查项目	规定值或允许偏差	检查方法和频率	权值
1	砂垫层厚度	不小于设计	每200m检查4处	3
2	砂垫层宽度	不小于设计	每200m检查4处	1
3	反滤层设置	符合设计要求	每200m检查4处	1
4	压实度（%）	90	每200m检查4处	2

表 4.4.2-2 袋装砂井、塑料排水板实测项目

项次	检查项目	规定值或允许偏差	检查方法和频率	权值
1	井(板)间距（mm）	±150	抽查2%	2
2Δ	井(板)长度	不小于设计	查施工记录	3
3	竖直度(%)	1.5	查施工记录	2
4	砂井直径（mm）	+10，-0	挖验2%	1
5	灌砂量(%)	-5	查施工记录	2

表 4.4.2-3 碎石桩(砂桩)实测项目

项次	检查项目	规定值或允许偏差	检查方法和频率	权值
1	桩距（mm）	±150	抽查2%	1
2	桩径（mm）	不小于设计	抽查2%	2
3Δ	桩长（m）	不小于设计	查施工记录	3
4	竖直度（%）	1.5	查施工记录	2
5	灌石(砂)量	不小于设计	查施工记录	2

表 4.4.2-4　粉喷桩实测项目

项　次	检 查 项 目	规定值或允许偏差	检查方法和频率	权　值
1	桩距(mm)	±100	抽查 2%	1
2	桩径（mm）	不小于设计	抽查 2%	2
3Δ	桩长(m)	不小于设计	查施工记录	3
4	竖直度（%）	1.5	查施工记录	1
5	单桩喷粉量	符合设计要求	查施工记录	3
6	强度(kPa)	不小于设计	抽查 5%	3

4.4.3　外观鉴定

砂垫层表面坑洼不平时，每处减 1～2 分。

4.5　土工合成材料处治层

4.5.1　基本要求

1）土工合成材料质量应符合设计要求，无老化，外观无破损，无污染。

2）土工合成材料应紧贴下承层，按设计和施工要求铺设、张拉、固定。

3）土工合成材料的接缝搭接、粘接强度和长度应符合设计要求，上、下层土工合成材料搭接缝应交替错开。

4.5.2　实测项目

见表 4.5.2-1 至表 4.5.2-4。

表 4.5.2-1　加筋工程土工合成材料实测项目

项　次	检 查 项 目	规定值或允许偏差	检查方法和频率	权　值
1	下承层平整度、拱度	符合设计、施工要求	每 200m 检查 4 处	1
2	搭接宽度(mm)	+50，-0	抽查 2%	2
3	搭接缝错开距离（mm）	符合设计、施工要求	抽查 2%	2
4	锚固长度(mm)	符合设计、施工要求	抽查 2%	3

表 4.5.2-2　隔离工程土工合成材料实测项目

项　次	检 查 项 目	规定值或允许偏差	检查方法和频率	权　值
1	下承层平整度、拱度	符合设计、施工要求	每 200m 检查 4 处	1
2	搭接宽度(mm)	+50，-0	抽查 2%	2
3	搭接缝错开距离（mm）	符合设计、施工要求	抽查 2%	2
4	搭接处透水点	不多于 1 个	每缝	3

表 4.5.2-3　过滤排水工程土工合成材料实测项目

项　次	检 查 项 目	规定值或允许偏差	检查方法和频率	权　值
1	下承层平整度、拱度	符合设计、施工要求	每 200m 检查 4 处	1
2	搭接宽度(mm)	+50，-0	抽查 2%	3
3	搭接缝错开距离(mm)	符合设计、施工要求	抽查 2%	3

表 4.5.2-4　防裂工程土工合成材料实测项目

项　次	检 查 项 目	规定值或允许偏差	检查方法和频率	权　值
1	下承层平整度、拱度	符合设计、施工要求	每 200m 检查 4 处	1
2	搭接宽度(mm)	≥50(横向) ≥150(纵向)	抽查 2%	3
3	粘结力(N)	≥ 20	抽查 2%	3

4.5.3　外观鉴定

1）土工合成材料重叠、皱折不平顺，每处减 1～2 分。

2）土工合成材料固定处松动，每处减 1～2 分。

5 排水工程

5.1 一般规定

5.1.1 排水工程应按设计要求及施工规范的要求施工,依照实际地形,选择合适的位置,将地面水和地下水排出路基以外。

5.1.2 本章5.5和5.6节包括边沟、截水沟、排水沟等。

5.1.3 跌水、急流槽、水簸箕等其他排水工程可按照本章5.6节的标准进行评定。

5.1.4 路面拦水带纳入路缘石分项工程，排水基层可按照第7章的标准进行评定。

5.1.5 沟槽回填土应符合设计要求及施工规范的规定。

5.1.6 排水泵站明开挖基础可按照第8章的标准进行评定。

5.1.7 钢筋混凝土构件包含钢筋加工及安装分项工程,预应力混凝土构件包括预应力钢筋的加工和张拉分项工程。

5.2 管节预制

5.2.1 基本要求

1) 所用的水泥、砂、石、水、外加剂和掺合料的质量和规格应符合有关规范的要求,按规定的配合比施工。

2) 混凝土应符合耐久性(抗冻、抗渗、抗侵蚀)等设计要求。

3) 不得出现露筋和空洞现象。

5.2.2 实测项目

见表5.2.2。

表 5.2.2　管节预制实测项目

项　次	检 查 项 目	规定值或允许偏差	检查方法和频率	权　值
1Δ	混凝土强度(MPa)	在合格标准内	按附录 D 检查	3
2	内径(mm)	不小于设计	尺量:2 个断面	2
3	壁厚(mm)	不小于设计壁厚 - 3	尺量:2 个断面	2
4	顺直度	矢度不大于 0.2% 管节长	沿管节拉线量,取最大矢高	1
5	长度(mm)	+5, -0	尺量	1

5.2.3　外观鉴定

1) 蜂窝、麻面面积不得超过该面面积的 1%。不符合要求时,每超过 1% 减 3 分;深度超过 10mm 的必须处理。

2) 混凝土表面平整。不符合要求时减 1 ~ 2 分。

5.3　管道基础及管节安装

5.3.1　基本要求

1) 管材必须逐节检查,不得有裂缝、破损。

2) 基础混凝土强度达到 5MPa 以上时,方可进行管节铺设。

3) 管节铺设应平顺、稳固,管底坡度不得出现反坡,管节接头处流水面高差不得大于 5mm。管内不得有泥土、砖石、砂浆等杂物。

4) 管道内的管口缝,当管径大于 750mm 时,应在管内作整圈勾缝。

5) 管口内缝砂浆平整密实,不得有裂缝、空鼓现象。

6) 抹带前,管口必须洗刷干净,管口表面应平整密实,无裂缝现象。抹带后应及时覆盖养生。

7) 设计中要求防渗漏的排水管须做渗漏试验,渗漏量应符合要求。

5.3.2　实测项目

见表 5.3.2。

表 5.3.2　管道基础及管节安装实测项目

<table>
<tr><th>项　次</th><th colspan="2">检 查 项 目</th><th>规定值或允许偏差</th><th>检查方法和频率</th><th>权　值</th></tr>
<tr><td>1Δ</td><td colspan="2">混凝土抗压强度或砂浆强度(MPa)</td><td>在合格标准内</td><td>按附录 D、F 检查</td><td>3</td></tr>
<tr><td>2</td><td colspan="2">管轴线偏位(mm)</td><td>15</td><td>经纬仪或拉线:每两井间测 3 处</td><td>2</td></tr>
<tr><td>3</td><td colspan="2">管内底高程 (mm)</td><td>± 10</td><td>水准仪:每两井间测 2 处</td><td>2</td></tr>
<tr><td>4</td><td colspan="2">基础厚度(mm)</td><td>不小于设计</td><td>尺量:每两井间测 3 处</td><td>1</td></tr>
<tr><td rowspan="2">5</td><td rowspan="2">管座</td><td>肩宽(mm)</td><td>+10, -5</td><td rowspan="2">尺量、挂边线:每两井间测 2 处</td><td rowspan="2">1</td></tr>
<tr><td>肩高(mm)</td><td>± 10</td></tr>
<tr><td rowspan="2">6</td><td rowspan="2">抹带</td><td>宽度</td><td>不小于设计</td><td rowspan="2">尺量:按 10% 抽查</td><td rowspan="2">2</td></tr>
<tr><td>厚度</td><td>不小于设计</td></tr>
</table>

5.3.3 外观鉴定

1) 管道基础混凝土表面平整密实,侧面蜂窝不得超过该表面积的1%,深度不超过10mm。不符合要求时,减1~3分。

2) 管节铺设直顺,管口缝带圈平整密实,无开裂脱皮现象。不符合要求时,每处减1~2分。

3) 抹带接口表面应密实光洁,不得有间断和裂缝、空鼓。不符合要求时,每处减1~2分。

5.4 检查(雨水)井砌筑

5.4.1 基本要求

1) 井基混凝土强度达到5MPa以上时,方可砌筑井体。

2) 砌筑砂浆配合比准确,井壁砂浆饱满,灰缝平整。圆形检查井内壁应圆顺,抹面密实光洁,踏步安装牢固。

3) 井框、井盖安装必须平稳,井口周围不得有积水。

5.4.2 实测项目

见表5.4.2。

表5.4.2　检查(雨水)井砌筑实测项目

项　次	检 查 项 目	规定值或允许偏差		检查方法和频率	权　值
1△	砂浆强度(MPa)	在合格标准内		按附录F检查	3
2	轴线偏位(mm)	50		经纬仪:每个检查井检查	1
3	圆井直径或方井长、宽(mm)	±20		尺量:每个检查井检查	1
4	井底高程(mm)	±15		水准仪:每个检查井检查	1
5	井盖与相邻路面高差(mm)	雨水井	+0, -4	水准仪、水平尺:每个检查井检查	2
		检查井	+4, -0		

5.4.3 外观鉴定

1) 井内砂浆抹面无裂缝。不符合要求时,减1~2分。

2) 井内平整圆滑,收分均匀。不符合要求时,减1~2分。

5.5 土沟

5.5.1 基本要求

1) 土沟边坡必须平整、坚实、稳定,严禁贴坡。

2) 沟底应平顺整齐,不得有松散土和其他杂物,排水畅通。

5.5.2 实测项目

见表5.5.2。

表5.5.2 土沟实测项目

项次	检查项目	规定值或允许偏差	检查方法和频率	权值
1	沟底高程(mm)	+0,-30	水准仪:每200m测4处	2
2	断面尺寸(mm)	不小于设计	尺量:每200m测2处	2
3	边坡坡度	不陡于设计	尺量:每200m测2处	1
4	边棱直顺度(mm)	50	尺量:20m拉线,每200m测2处	1

5.5.3 外观鉴定

沟底无明显凹凸不平或阻水现象。不符合要求时,每处减1~2分。

5.6 浆砌排水沟

5.6.1 基本要求

1)砌体砂浆配合比准确,砌缝内砂浆均匀饱满,勾缝密实。

2)浆砌片(块)石、混凝土预制块的质量和规格应符合设计要求。

3)基础中缩缝应与墙身缩缝对齐。

4)砌体抹面应平整、压光、直顺,不得有裂缝、空鼓现象。

5.6.2 实测项目

见表5.6.2。

表5.6.2 浆砌排水沟实测项目

项次	检查项目	规定值或允许偏差	检查方法和频率	权值
1△	砂浆强度(MPa)	在合格标准内	按附录F检查	3
2	轴线偏位(mm)	50	经纬仪或尺量:每200m测5处	1
3	沟底高程(mm)	±15	水准仪:每200m测5点	2
4	墙面直顺度(mm)或坡度	30或符合设计要求	20m拉线、坡度尺:每200m测2处	1
5	断面尺寸(mm)	±30	尺量:每200m测2处	2
6	铺砌厚度(mm)	不小于设计	尺量:每200m测2处	1
7	基础垫层宽、厚(mm)	不小于设计	尺量:每200m测2处	1

5.6.3 外观鉴定

1)砌体内侧及沟底应平顺。不符合要求时,减1~2分。

2)沟底不得有杂物。不符合要求时,减1~2分。

5.7 盲沟

5.7.1 基本要求

1) 盲沟的设置及材料的质量和规格应符合设计要求和施工规范规定。

2) 反滤层应用筛选过的中砂、粗砂、砾石等渗水性材料分层填筑。

3) 排水层应采用石质坚硬的较大粒料填筑,以保证排水孔隙度。

5.7.2 实测项目

见表5.7.2。

表5.7.2　盲沟实测项目

项次	检查项目	规定值或允许偏差	检查方法和频率	权值
1	沟底高程(mm)	±15	水准仪:每10~20m测1处	1
2	断面尺寸(mm)	不小于设计	尺量:每20m测1处	1

5.7.3 外观鉴定

1) 反滤层应层次分明。不符合要求时,减1~2分。

2) 进、出水口应排水通畅。不符合要求时,减1~2分。

5.8 排水泵站

5.8.1 基本要求

1) 地基应具有足够的承载能力,不应扰动基底土壤。

2) 井壁混凝土应密实,混凝土强度达到合格标准后方可进行下沉。

3) 沉井下沉过程中,应随时注意正位,发现偏位及倾斜时须及时纠正。

4) 沉井封底应密实不漏水。

5) 水泵、管及管件应安装牢固,位置正确。

5.8.2 实测项目

见表5.8.2。

表5.8.2　排水泵站(沉井)实测项目

项次	检查项目	规定值或允许偏差	检查方法和频率	权值
1△	混凝土强度(MPa)	在合格标准内	按附录D检查	2
2	轴线平面偏位(mm)	1%井深	经纬仪:纵、横向各2处	1
3	垂直度(mm)	1%井深	用垂线检查:纵、横向各1处	1
4	底板高程(mm)	±50	水准仪:测4处	2

5.8.3 外观鉴定

泵站轮廓线条清晰,表面平整。不符合要求时,减1~2分。

6　挡土墙、防护及其他砌筑工程

6.1　一般规定

6.1.1　对砌体挡土墙,当平均墙高小于 6m 或墙身面积小于 1200m² 时,每处可作为分项工程进行评定;当平均墙高达到或超过 6m 且墙身面积不小于 1200m² 时,为大型挡土墙,每处应作为分部工程进行评定。

6.1.2　悬臂式和扶臂式挡土墙,桩板式、锚杆、锚碇板和加筋土挡土墙应作为分部工程进行评定。

6.1.3　丁坝、护岸可参照挡土墙的标准进行评定。

6.1.4　本章第 6.10 节可用于本标准第 8 章及本章未列出名称的其他砌石构造物的评定。

6.1.5　钢筋混凝土结构或构件,均应包含钢筋加工及安装分项工程,其评定见本标准第 8.3 节。

6.2　砌体挡土墙

6.2.1　基本要求

1）石料或混凝土预制块的质量和规格应符合有关规范和设计要求。

2）砂浆所用的水泥、砂、水的质量应符合有关规范的要求，按规定的配合比施工。

3）地基承载力必须满足设计要求。

4）砌筑应分层错缝。浆砌时坐浆挤紧,嵌填饱满密实,不得有空洞;干砌时不得松动、叠砌和浮塞。

5）沉降缝、泄水孔、反滤层的设置位置、质量和数量应符合设计要求。

6.2.2　实测项目

见表 6.2.2-1 和表 6.2.2-2。

表 6.2.2-1　砌体挡土墙实测项目

项　次	检 查 项 目		规定值或允许偏差	检查方法和频率	权　值
1Δ	砂浆强度(MPa)		在合格标准内	按附录 F 检查	3
2	平面位置(mm)		50	经纬仪:每 20m 检查墙顶外边线 3 点	1
3	顶面高程(mm)		±20	水准仪:每 20m 检查 1 点	1
4	竖直度或坡度(%)		0.5	吊垂线:每 20m 检查 2 点	1
5Δ	断面尺寸(mm)		不小于设计	尺量:每 20m 量 2 个断面	3
6	底面高程(mm)		±50	水准仪:每 20m 检查 1 点	1
7	表面平整度(mm)	块石	20	2m 直尺:每 20m 检查 3 处,每处检查竖直和墙长两个方向	1
		片石	30		
		混凝土块、料石	10		

表 6.2.2-2　干砌挡土墙实测项目

项　次	检 查 项 目	规定值或允许偏差	检查方法和频率	权　值
1	平面位置(mm)	50	经纬仪:每 20m 检查 3 点	2
2	顶面高程(mm)	±30	水准仪:每 20m 测 3 点	2
3	竖直度或坡度(%)	0.5	尺量:每 20m 吊垂线检查 3 点	1
4Δ	断面尺寸(mm)	不小于设计	尺量:每 20m 检查 2 处	2
5	底面高程(mm)	±50	水准仪:每 20m 测 1 点	2
6	表面平整度(mm)	50	2m 直尺:每 20m 检查 3 处,每处检查竖直和墙长两个方向	1

6.2.3　外观鉴定

1）砌体表面平整,砌缝完好、无开裂现象,勾缝平顺、无脱落现象。不符合要求时减 1～3 分。

2）泄水孔坡度向外,无堵塞现象。不符合要求时必须进行处理,并减 1～3 分。

3）沉降缝整齐垂直,上下贯通。不符合要求时必须进行处理,并减 1～3 分。

6.3　悬臂式和扶臂式挡土墙

6.3.1　基本要求

1）混凝土所用的水泥、石、砂、水和外掺剂的质量和规格应符合有关规范的要求,按规定的配合比施工。

2）地基强度必须满足设计要求。

3）不得有露筋和空洞现象。

4）沉降缝、泄水孔的设置位置、质量和数量应符合设计要求。

6.3.2 实测项目

见表6.3.2。

表6.3.2 悬臂式和扶臂式挡土墙实测项目

项 次	检查项目	规定值或允许偏差	检查方法和频率	权 值
1△	混凝土强度(MPa)	在合格标准内	按附录D检查	3
2	平面位置(mm)	30	经纬仪:每20m检查3点	1
3	顶面高程(mm)	±20	水准仪:每20m检查1点	1
4	竖直度或坡度(%)	0.3	吊垂线:每20m检查2点	1
5△	断面尺寸(mm)	不小于设计	尺量:每20m检查2个断面,抽查扶臂2个	2
6	底面高程(mm)	±30	水准仪:每20m检查1点	1
7	表面平整度(mm)	5	2m直尺:每20m检查2处,每处检查竖直和墙长两个方向	1

6.3.3 外观鉴定

1) 混凝土施工缝平顺。不符合要求时减1~2分。

2) 蜂窝、麻面面积不得超过该面面积的0.5%。不符合要求时,每超过0.5%减3分;深度超过10mm的必须处理。

3) 混凝土表面出现非受力裂缝,减1~3分。裂缝宽度超过设计规定或设计未规定时超过0.15mm必须处理。

4) 泄水孔坡度向外,无堵塞现象。不符合要求时必须进行处理,并减1~3分。

5) 沉降缝整齐垂直,上下贯通。不符合要求时应进行处理,并减1~3分。

6.4 锚杆、锚碇板和加筋土挡土墙

6.4.1 基本要求

1) 混凝土所用的水泥、砂、石、水和外掺剂的质量和规格必须符合有关规范的要求,按规定的配合比施工。

2) 地基强度应符合设计要求。

3) 锚杆、拉杆或筋带的质量和规格,必须满足设计和有关规范的要求,根数不得少于设计数量。

4) 筋带须理顺,放平拉直,筋带与面板、筋带与筋带连接牢固。

5) 混凝土不得出现露筋和空洞现象。

6.4.2 实测项目

基础和肋柱预制分别按本标准第8.5、8.12节有关规定检查,其他实测项目见表6.4.2-1至表6.4.2-5。

表 6.4.2-1　筋带实测项目

项　次	检 查 项 目	规定值或允许偏差	检查方法和频率	权　值
1	筋带长度	不小于设计	尺量:每 20m 检查 5 根(束)	2
2	筋带与面板连接	符合设计要求	目测:每 20m 检查 5 处	2
3	筋带与筋带连接	符合设计要求	目测:每 20m 检查 5 处	2
4	筋带铺设	符合设计要求	目测:每 20m 检查 5 处	1

表 6.4.2-2　锚杆、拉杆实测项目

项　次	检 查 项 目	规定值或允许偏差	检查方法和频率	权　值
1	锚杆、拉杆长度	符合设计要求	尺量:每 20m 检查 5 根	2
2	锚杆、拉杆间距(mm)	±20	尺量:每 20m 检查 5 根	1
3	锚杆、拉杆与面板连接	符合设计要求	目测:每 20m 检查 5 处	2
4	锚杆、拉杆防护	符合设计要求	目测:每 20m 检查 10 处	2
5Δ	锚杆抗拔力	抗拔力平均值≥设计值,最小抗拔力≥0.9 设计值	拔力试验:锚杆数 1%,且不少于 3 根	3

表 6.4.2-3　面板预制实测项目

项　次	检 查 项 目	规定值或允许偏差	检查方法和频率	权　值
1Δ	混凝土强度(MPa)	在合格标准内	按附录 D 检查	3
2	边长(mm)	±5 或 0.5%边长	尺量:长宽各量 1 次,每批抽查 10%	2
3	两对角线差(mm)	10 或 0.7%最大对角线长	尺量:每批抽查 10%	1
4Δ	厚度(mm)	+5,-3	尺量:检查 2 处,每批抽查 10%	2
5	表面平整度(mm)	4 或 0.3%边长	2m 直尺:长、宽方向各测 1 次,每批抽查 10%	1
6	预埋件位置(mm)	5	尺量:检查每件,每批抽查 10%	1

表 6.4.2-4　面板安装实测项目

项　次	检 查 项 目	规定值或允许偏差	检查方法和频率	权　值
1	每层面板顶高程　(mm)	±10	水准仪:每 20m 抽查 3 组板	1
2	轴线偏位(mm)	10	挂线、尺量:每 20m 量 3 处	2
3	面板竖直度或坡度	+0,-0.5%	吊垂线或坡度板:每 20m 检查 3 处	1
4	相邻面板错台(mm)	5	尺量:每 20m 检查面板交界处 3 处	1

注:面板安装以同层相邻两板为一组。

表 6.4.2-5　锚杆、锚碇板和加筋土挡土墙总体实测项目

项　次	检 查 项 目		规定值或允许偏差	检查方法和频率	权　值
1	墙顶和肋柱平面位置(mm)	路堤式	+50,-100	经纬仪:每 20m 检查 3 处	2
		路肩式	±50		
2	墙顶和柱顶高程(mm)	路堤式	±50	水准仪:每 20m 测 3 点	2
		路肩式	±30		
3	肋柱间距(mm)		±15	尺量:每柱间	1

续上表

项 次	检 查 项 目	规定值或允许偏差	检查方法和频率	权 值
4	墙面倾斜度(mm)	+0.5% H 且不大于 +50，-1% H 且不小于 -100	吊垂线或坡度板：每 20m 测 2 处	2
5	面板缝宽(mm)	10	尺量：每 20m 至少检查 5 条	1
6	墙面平整度(mm)	15	2m 直尺：每 20m 测 3 处，每处检查竖直和墙长两个方向	1

注：①平面位置和倾斜度"+"指向外，"-"指向内。

②H 为墙高。

6.4.3 外观鉴定

1）预制面板表面平整光洁，线条顺直美观，不得有破损翘曲、掉角、啃边等现象。不符合要求时减 1~2 分。

2）蜂窝、麻面面积不得超过该面面积的 0.5%。不符合要求时，每超过 0.5%减 2 分；深度超过 10mm 的必须处理。

3）混凝土表面出现非受力裂缝减 1~3 分。裂缝宽度超过设计规定或设计未规定时超过 0.15mm 必须进行处理。

4）墙面直顺，线形顺适，板缝均匀，伸缩缝贯通垂直。不符合要求时减 1~3 分。

5）露在面板外的锚头应封闭密实、牢固，整齐美观。不符合要求时减 1~5 分。

6.5 桩板式挡土墙

桩按本标准第 8.5 节相关规定评定，面板预制及总体按本标准第 6.4 节相关规定评定。

6.6 墙背填土

6.6.1 基本要求

1）墙背填土应采用透水性材料或设计规定的填料，严禁采用膨胀土、高液限粘土、腐殖土、盐渍土、淤泥和冻土块等不良填料。填料中不应含有机物、冰块、草皮、树根等杂物或生活垃圾。

2）墙背填土必须和挖方路基、填方路基有效搭接，纵向接缝必须设台阶。

3）必须分层填筑压实，每层表面平整，路拱合适。

4）墙身强度达到设计强度 75%以上时方可开始填土。

6.6.2 实测项目

除距面板 1m 范围以内压实度实测项目见表 6.6.2 外，其他部分填土和其他类型挡土墙填土的压实度要求均与路基相同。

表 6.6.2　锚杆、锚碇板和加筋土挡土墙墙背填土实测项目

项　次	检 查 项 目	规定值或允许偏差	检查方法和频率	权　值
1△	距面板 1m 范围以内压实度(%)	90	按附录 B 检查,每 100m 每压实层测 1 处,并不得少于 1 处	1

6.6.3　外观鉴定

1）填土表面应平整,边线直顺。不符合要求时减 1～3 分。

2）边坡坡面平顺稳定,不得亏坡,曲线圆滑。不符合要求时减 1～3 分。

6.7　抗滑桩

6.7.1　基本要求

1）混凝土所用的水泥、砂、石、水和外掺剂的质量和规格,必须符合设计和有关规范的要求,按规定的配合比施工。

2）施工中应核对滑动面位置,如图纸与实际位置有出入,应变更抗滑桩的深度。

3）做好桩区地面截、排水及防渗,孔口地面上应加筑适当高度的围埂。

6.7.2　实测项目

见表 6.7.2。

表 6.7.2　抗滑桩实测项目

项　次	检 查 项 目		规定值或允许偏差	检查方法和频率	权　值
1△	混凝土强度(MPa)		在合格标准内	按附录 D 检查	3
2△	桩长(m)		不小于设计	测绳量:每桩测量	2
3△	孔径或断面尺寸(mm)		不小于设计	探孔器:每桩测量	2
4	桩位(mm)		100	经纬仪:每桩测量	1
5	竖直度(mm)	钻孔桩	1%桩长,且不大于 500	测壁仪或吊垂线:每桩检查	1
		挖孔桩	0.5%桩长,且不大于 200	吊垂线:每桩检查	
6	钢筋骨架底面高程(mm)		±50	水准仪:测每桩骨架顶面高程后反算	1

6.7.3　外观鉴定

无破损检测桩的质量有缺陷,但经设计单位确认仍可采用时减 3 分。

6.8　挖方边坡锚喷防护

6.8.1　基本要求

1）锚杆、钢筋和土工格栅的强度、数量、质量和规格,必须符合设计和有关规范的要求。

2）混凝土及砂浆所用的水泥、砂、石、水和外掺剂，必须符合有关规范的要求，按规定的配合比施工。

3）边坡坡度、坡面应符合设计要求。岩面应无风化、无浮石，喷射前应用水冲洗干净。

4）钢筋应清除污锈，钢筋网与锚杆或其他锚固装置连接牢固，喷射时钢筋不得晃动。

5）锚杆插入锚孔深度不得小于设计长度的95%，孔内砂浆应密实、饱满。

6）喷射前应做好排水设施，对漏水的空洞、缝隙应采用堵水等措施，确保支护质量。

7）钢筋、土工格栅或锚杆不得外露，混凝土不得开裂脱落。

8）有关预应力锚索的基本要求见本标准第8.3.2条1，锚索非锚固段套管安装位置必须符合设计要求。

6.8.2 实测项目

见表6.8.2。

表6.8.2 锚喷防护实测项目

项 次	检 查 项 目	规定值或允许偏差	检查方法和频率	权 值
1△	混凝土强度(MPa)	在合格标准内	按附录E检查	3
2△	砂浆强度(MPa)	在合格标准内	按附录F检查	3
3	锚孔深度(mm)	不小于设计	尺量:抽查10%	1
4	锚杆(索)间距(mm)	±100	尺量:抽查10%	1
5△	锚杆拔力(kN)	拔力平均值≥设计值，最小拔力≥0.9设计值	拔力试验:锚杆数1%，且不少于3根	3
6	喷层厚度(mm)	平均厚≥设计厚;60%检查点的厚度≥设计厚;最小厚度≥0.5设计厚，且不小于设计规定	尺量(凿孔)或雷达断面仪:每10m检查1个断面，每3m检查1点	2
7△	锚索张拉应力(MPa)	符合设计要求	油压表:每索由读数反算	3
8	张拉伸长率(%)	符合设计规定;设计未规定时采用±6	尺量:每索	2
9	断丝、滑丝数	每束1根，且每断面不超过钢丝总数的1%	目测:逐根(束)检查	2

注:实际工程中未涉及的项目不参与评定。

6.8.3 外观鉴定

混凝土表面密实，不得有突变;与原表面结合紧密，不应起鼓。不符合要求时减1~3分。

6.9 锥、护坡

6.9.1 基本要求

1）石料的质量和规格应符合有关规定。砂浆所用的水泥、砂、水的质量应符合有关规范的要求，按规定的配合比施工。

2）锥、护坡基础埋置深度及地基承载力应符合设计要求。

3）砌体应咬扣紧密,嵌缝饱满密实。

4）锥、护坡填土密实度应达到设计要求,对坡面刷坡整平后方可铺砌。

6.9.2　实测项目

见表6.9.2。

表6.9.2　锥、护坡实测项目

项　次	检 查 项 目	规定值或允许偏差	检查方法和频率	权　值
1Δ	砂浆强度(MPa)	在合格标准内	按附录F检查	3
2	顶面高程(mm)	±50	水准仪:每50m检查3点,不足50m时至少2点	1
3	表面平整度(mm)	30	2m直尺:锥坡检查3处,护坡每50m检查3处	1
4	坡度	不陡于设计	坡度尺量:每50m量3处	1
5Δ	厚度(mm)	不小于设计	尺量:每100m检查3处	2
6	底面高程(mm)	±50	水准仪:每50m检查3点	1

6.9.3　外观鉴定

1）表面平整,无垂直通缝。不符合要求时减1~3分。

2）勾缝平顺,无脱落现象。不符合要求时减1~3分。

6.10　砌石工程

6.10.1　基本要求

1）石料的质量和规格及砂浆所用材料的质量和规格应符合设计要求,按规定的配合比施工。

2）砌块应错缝砌筑、相互咬紧;浆砌时砌块应坐浆挤紧,嵌缝后砂浆饱满,无空洞现象;干砌时不松动、无叠砌和浮塞。

6.10.2　实测项目

见表6.10.2-1和表6.10.2-2。

表6.10.2-1　浆砌砌体实测项目

项　次	检 查 项 目		规定值或允许偏差	检查方法和频率	权　值
1Δ	砂浆强度(MPa)		在合格标准内	按附录F检查	3
2	顶面高程(mm)	料、块石	±15	水准仪:每20m检查3点	1
		片石	±20		
3	竖直度或坡度	料、块石	0.3%	吊垂线:每20m检查3点	2
		片石	0.5%		

续上表

项　次	检 查 项 目		规定值或允许偏差	检查方法和频率	权　值
4Δ	断面尺寸(mm)	料石	±20	尺量:每20m检查2处	2
		块石	±30		
		片石	±50		
5	表面平整度(mm)	料石	10	2m直尺:每20m检查5处×3尺	2
		块石	20		
		片石	30		

表6.10.2-2　干砌片石实测项目

项　次	检 查 项 目	规定值或允许偏差	检查方法和频率	权　值
1	顶面高程(mm)	±30	水准仪:每20m测3点	1
2	外形尺寸(mm)	±100	尺量:每20m或自然段,长宽各3处	2
3Δ	厚度(mm)	±50	尺量:每20m检查3处	3
4	表面平整度(mm)	50	2m直尺:每20m检查5处×3尺	2

6.10.3　外观鉴定

1）砌体边缘直顺,外露表面平整。不符合要求时减1～3分。

2）勾缝平顺,缝宽均匀,无脱落现象。不符合要求时减1～3分。

6.11　导流工程

6.11.1　基本要求

1）所用材料的质量和规格应符合有关规定。

2）导流堤(坝)的基础埋置深度及地基承载力应符合设计要求。

6.11.2　实测项目

见表6.11.2。

表6.11.2　导流工程实测项目

项　次	检 查 项 目		规定值或允许偏差	检查方法和频率	权　值
1Δ	砂浆强度(MPa)		在合格标准内	按附录F检查	3
2	平面位置(mm)		30	经纬仪:按设计图控制坐标检查	2
3	长度(mm)		不小于设计长度-100	尺量:每个检查	1
4Δ	断面尺寸(mm)		不小于设计	尺量:检查5处	2
5	高程(mm)	基底	不大于设计	水准仪:检查5点	2
		顶面	±30		

6.11.3　外观鉴定

表面规整,线条直顺,曲线圆滑。不符合要求时减 1 ~ 3 分。

6.12 石笼防护

6.12.1 基本要求

1）所用材料的质量和规格应符合有关规定。

2）铁丝笼的网眼尺寸应符合设计要求。

3）石笼的坐码或平铺应符合设计要求。

6.12.2 实测项目

见表 6.12.2。

表 6.12.2　石笼防护实测项目

项　次	检 查 项 目	规定值或允许偏差	检查方法和频率	权　值
1	平面位置(mm)	符合设计要求	经纬仪:按设计图控制坐标检查	1
2	长度(mm)	不小于设计长度 - 300	尺量:每个(段)检查	1
3	宽度(mm)	不小于设计宽度 - 200	尺量:每个(段)量 5 处	1
4	高度(mm)	不小于设计	水准仪或尺量:每个(段)检查 5 处	1
5	底面高程(mm)	不高于设计	水准仪:每个(段)检查 5 点	1

6.12.3 外观鉴定

表面整齐,线条直顺,曲线圆滑。不符合要求时减 1 ~ 2 分。

7 路面工程

7.1 一般规定

7.1.1 路面工程的实测项目规定值或允许偏差按高速公路、一级公路和其他公路(指二级及以下公路)两档设定。对于在设计和合同文件中提高了技术要求的二级公路,其工程质量检验评定按设计和合同文件的要求进行,但不应高于高速公路、一级公路的检验评定标准。

7.1.2 路面工程实测项目规定的检查频率为双车道公路每一检查段内的检查频率(按 m^2 或 m^3 或工作班设定的检查频率除外),多车道公路的路面各结构层均须按其车道数与双车道之比,相应增加检查数量。

7.1.3 各类基层和底基层压实度代表值(平均值的下置信界限)不得小于规定代表值,单点不得小于规定极值。小于规定代表值 2 个百分点的测点,应按其占总检查点数的百分率计算合格率。

7.1.4 垫层的质量要求同相同材料的其他公路的底基层;联结层的质量要求同相应的基层或面层;中级路面的质量要求同相同材料的其他公路的基层。

7.1.5 路面表层平整度检查测定以自动或半自动的平整度仪为主,全线每车道连续测定按每 100m 输出结果计算合格率。采用 3m 直尺测定路面各结构层平整度时,以最大间隙作为指标,按尺数计算合格率。

7.1.6 路面表层渗水系数宜在路面成型后立即测定。

7.1.7 路面各结构层厚度按代表值和单点合格值设定允许偏差。当代表值偏差超过规定值时,该分项工程评为不合格;当代表值偏差满足要求时,按单个检查值的偏差不超过单点合格值的测点数计算合格率。

7.1.8 材料要求和配比控制列入各节基本要求,可通过检查施工单位、工程监理单位的资料进行评定。

7.1.9 水泥混凝土上加铺沥青面层的复合式路面,两种结构均需进行检查评定。其中,水泥混凝土路面结构不检查抗滑构造,平整度可按相应等级公路的标准;沥青面层不检查弯沉。

7.1.10 路面基层完工后应按时浇洒透层油或铺筑下封层,透层油透入深度不小于5mm,不得使用透入能力差的材料做透层油。对封层、粘层和透层油的浇撒要求同7.5.1沥青表面处治层中基本规定。

7.2 水泥混凝土面层

7.2.1 基本要求

1) 基层质量必须符合规定要求,并应进行弯沉测定,验算的基层整体模量应满足设计要求。

2) 水泥强度、物理性能和化学成分应符合国家标准及有关规范的规定。

3) 粗细集料、水、外掺剂及接缝填缝料应符合设计和施工规范要求。

4) 施工配合比应根据现场测定水泥的实际强度进行计算,并经试验,选择采用最佳配合比。

5) 接缝的位置、规格、尺寸及传力杆、拉力杆的设置应符合设计要求。

6) 路面拉毛或机具压槽等抗滑措施,其构造深度应符合施工规范要求。

7) 面层与其他构造物相接应平顺,检查井井盖顶面高程应高于周边路面1~3mm。雨水口标高按设计比路面低5~8mm,路面边缘无积水现象。

8) 混凝土路面铺筑后按施工规范要求养生。

7.2.2 实测项目

见表7.2.2。

表7.2.2　水泥混凝土面层实测项目

<table>
<tr><th rowspan="2">项次</th><th rowspan="2" colspan="2">检查项目</th><th colspan="2">规定值或允许偏差</th><th rowspan="2">检查方法和频率</th><th rowspan="2">权值</th></tr>
<tr><th>高速公路
一级公路</th><th>其他公路</th></tr>
<tr><td>1Δ</td><td colspan="2">弯拉强度(MPa)</td><td colspan="2">在合格标准之内</td><td>按附录C检查</td><td>3</td></tr>
<tr><td rowspan="2">2Δ</td><td rowspan="2">板厚度
(mm)</td><td>代表值</td><td colspan="2">-5</td><td rowspan="2">按附录H检查,每200m每车道2处</td><td rowspan="2">3</td></tr>
<tr><td>合格值</td><td colspan="2">-10</td></tr>
<tr><td rowspan="3">3</td><td rowspan="3">平整度</td><td>σ(mm)</td><td>1.2</td><td>2.0</td><td rowspan="2">平整度仪:全线每车道连续检测,每100m计算σ、IRI</td><td rowspan="3">2</td></tr>
<tr><td>IRI(m/km)</td><td>2.0</td><td>3.2</td></tr>
<tr><td>最大间隙
h(mm)</td><td>—</td><td>5</td><td>3m直尺:半幅车道板带每200m测2处×10尺</td></tr>
</table>

续上表

项次	检查项目	规定值或允许偏差		检查方法和频率	权值
		高速公路 一级公路	其他公路		
4	抗滑构造深度(mm)	一般路段不小于0.7且不大于1.1;特殊路段不小于0.8且不大于1.2	一般路段不小于0.5且不大于1.0;特殊路段不小于0.6且不大于1.1	铺砂法:每200m测1处	2
5	相邻板高差(mm)	2	3	抽量:每条胀缝2点;每200m抽纵、横缝各2条,每条2点	2
6	纵、横缝顺直度(mm)	10		纵缝20m拉线,每200m 4处;横缝沿板宽拉线,每200m 4条	1
7	中线平面偏位(mm)	20		经纬仪:每200m测4点	1
8	路面宽度(mm)	±20		抽量:每200m测4处	1
9	纵断高程(mm)	±10	±15	水准仪:每200m测4断面	1
10	横坡(%)	±0.15	±0.25	水准仪:每200m测4断面	1

注:表中 σ 为平整度仪测定的标准差;IRI为国际平整度指数;h 为3m直尺与面层的最大间隙。

7.2.3 外观鉴定

1) 混凝土板的断裂块数,高速公路和一级公路不得超过评定路段混凝土板总块数的0.2%,其他公路不得超过0.4%。不符合要求时每超过0.1%减2分。对于断裂板应采取适当措施予以处理。

2) 混凝土板表面的脱皮、印痕、裂纹和缺边掉角等病害现象,对于高速公路和一级公路,有上述缺陷的面积不得超过受检面积的0.2%,其他公路不得超过0.3%。不符合要求时每超过0.1%减2分。

对于连续配筋的混凝土路面和钢筋混凝土路面,因干缩、温缩产生的裂缝,可不减分。

3) 路面侧石直顺、曲线圆滑,越位20mm以上者,每处减1~2分。

4) 接缝填筑饱满密实,不污染路面。不符合要求时,累计长度每100m减2分。

5) 胀缝有明显缺陷时,每条减1~2分。

7.3 沥青混凝土面层和沥青碎(砾)石面层

7.3.1 基本要求

1) 沥青混合料的矿料质量及矿料级配应符合设计要求和施工规范的规定。

2) 严格控制各种矿料和沥青用量及各种材料和沥青混合料的加热温度,沥青材料及混合料的各项指标应符合设计和施工规范要求。沥青混合料的生产,每日应做抽提试验、马歇尔稳定度试验。矿料级配、沥青含量、马歇尔稳定度等结果的合格率应不小于90%。

3) 拌和后的沥青混合料应均匀一致,无花白,无粗细料分离和结团成块现象。

4) 基层必须碾压密实,表面干燥、清洁、无浮土,其平整度和路拱度应符合要求。

5）摊铺时应严格控制摊铺厚度和平整度，避免离析，注意控制摊铺和碾压温度，碾压至要求的密实度。

7.3.2　实测项目

见表7.3.2。

表7.3.2　沥青混凝土面层和沥青碎(砾)石面层实测项目

<table>
<tr><th rowspan="2">项次</th><th rowspan="2" colspan="2">检查项目</th><th colspan="2">规定值或允许偏差</th><th rowspan="2">检查方法和频率</th><th rowspan="2">权值</th></tr>
<tr><th>高速公路
一级公路</th><th>其他公路</th></tr>
<tr><td>1△</td><td colspan="2">压实度(%)</td><td colspan="2">试验室标准密度的96%(＊98%)；
最大理论密度的92%(＊94%)；
试验段密度的98%(＊99%)</td><td>按附录B检查，每200m测1处</td><td>3</td></tr>
<tr><td rowspan="3">2</td><td rowspan="3">平整度</td><td>σ(mm)</td><td>1.2</td><td>2.5</td><td rowspan="2">平整度仪：全线每车道连续按每100m计算IRI或σ</td><td rowspan="3">2</td></tr>
<tr><td>IRI(m/km)</td><td>2.0</td><td>4.2</td></tr>
<tr><td>最大间隙h(mm)</td><td>—</td><td>5</td><td>3m直尺：每200m测2处×10尺</td></tr>
<tr><td>3</td><td colspan="2">弯沉值(0.01mm)</td><td colspan="2">符合设计要求</td><td>按附录I检查</td><td>2</td></tr>
<tr><td>4</td><td colspan="2">渗水系数</td><td>SMA路面200mL/min；其他沥青混凝土路面300mL/min</td><td>—</td><td>渗水试验仪：每200m测1处</td><td>2</td></tr>
<tr><td rowspan="2">5</td><td rowspan="2">抗滑</td><td>摩擦系数</td><td rowspan="2">符合设计要求</td><td rowspan="2">—</td><td>摆式仪：每200m测1处；
横向力系数测定车：全线连续，按附录K评定</td><td rowspan="2">2</td></tr>
<tr><td>构造深度</td><td>铺砂法：每200m测1处</td></tr>
<tr><td rowspan="2">6△</td><td rowspan="2">厚度(mm)</td><td>代表值</td><td>总厚度：
−5%H
上面层：
−10%h</td><td>−8%H</td><td rowspan="2">按附录H检查，双车道每200m测1处</td><td rowspan="2">3</td></tr>
<tr><td>合格值</td><td>总厚度：
−10%H
上面层：
−20%h</td><td>−15%H</td></tr>
<tr><td>7</td><td colspan="2">中线平面偏位(mm)</td><td>20</td><td>30</td><td>经纬仪：每200m测4点</td><td>1</td></tr>
<tr><td>8</td><td colspan="2">纵断高程(mm)</td><td>±15</td><td>±20</td><td>水准仪：每200m测4断面</td><td>1</td></tr>
<tr><td rowspan="2">9</td><td rowspan="2">宽度(mm)</td><td>有侧石</td><td>±20</td><td>±30</td><td rowspan="2">尺量：每200m测4断面</td><td rowspan="2">1</td></tr>
<tr><td>无侧石</td><td colspan="2">不小于设计</td></tr>
<tr><td>10</td><td colspan="2">横坡(%)</td><td>±0.3</td><td>±0.5</td><td>水准仪：每200m测4处</td><td>1</td></tr>
</table>

注：①表内压实度可选用其中的1个或2个标准评定，选用两个标准时，以合格率低的作为评定结果。带＊号者是指SMA路面，其他为普通沥青混凝土路面。

②表列厚度仅规定负允许偏差。H为沥青层设计总厚度(mm)，h为沥青上面层设计厚度(mm)。

7.3.3　外观鉴定

1）表面应平整密实，不应有泛油、松散、裂缝和明显离析等现象。对于高速公路和一级公路，有上述缺陷的面积(凡属单条的裂缝，则按其实际长度乘以0.2m宽度，折算成面积)之和不得超过受检面积的0.03%,其他公路不得超过0.05%。不符合要求时每超过0.03%或0.05%减2分。

半刚性基层的反射裂缝可不计作施工缺陷,但应及时进行灌缝处理。

2）搭接处应紧密、平顺,烫缝不应枯焦。不符合要求时,累计每10m长减1分。

3）面层与路缘石及其他构筑物应密贴接顺,不得有积水或漏水现象。不符合要求时,每一处减1~2分。

7.4 沥青贯入式面层(或上拌下贯式面层)

7.4.1 基本要求

1）沥青材料的各项指标应符合设计要求和施工规范。

2）各种材料的规格和用量应符合设计要求和施工规范,上拌沥青混凝土混合料每日应做抽提试验和马歇尔稳定度试验。

3）碎石层必须平整坚实,嵌挤稳定,沥青贯入应深透,浇洒应均匀,不得污染其他构筑物。

4）嵌缝料必须趁热撒铺,扫料均匀,不应有重叠现象。

5）上层采用拌和料时,混合料应均匀一致,无花白和粗细分离现象,摊铺平整,接茬平顺,及时碾压密实。

6）沥青贯入式面层施工前,应先做好路面结构层与路肩的排水。

7.4.2 实测项目

见表7.4.2。

表7.4.2 沥青贯入式面层(或上拌下贯式面层)实测项目

项次	检查项目		规定值或允许偏差	检查方法和频率	权值
1	平整度	σ(mm) IRI(m/km)	3.5 5.8	平整度仪:全线每车道连续按每100m计算IRI或σ	3
		最大间隙 h(mm)	8	3m直尺:每200m测2处×10尺	
2	弯沉值(0.01mm)		符合设计要求	按附录I检查	2
3△	厚度(mm)	代表值	-8%H或-5mm	按附录H检查,每200m每车道1点	3
		合格值	-15%H或-10mm		
4	沥青用量(kg/m^2)		±0.5%	每工作日每层洒布查1次	3
5	中线平面偏位(mm)		30	经纬仪:每200m测4点	1
6	纵断高程(mm)		±20	水准仪:每200m测4断面	2
7	宽度(mm)	有侧石	±30	尺量:每200m测4处	2
		无侧石	不小于设计		
8	横坡(%)		±0.5	水准仪:每200m测4断面	2

注:①当设计厚度≥60mm时,按厚度百分率控制;当设计厚度<60mm时,按厚度不足的毫米数控制。H为厚度(mm)。

②沥青用量按《公路路基路面现场测试规程》中T 0892的方法,每工作日每层洒布沥青检查一次,并计算同一路段的单位面积的总沥青用量。

7.4.3　外观鉴定

1）表面应平整密实，不应有松散、裂缝、油包、油丁、波浪、泛油等现象，有上述缺陷的面积之和不超过受检面积的0.2%。不符合要求时，每超过0.2%减2分。

2）表面无明显碾压轮迹。不符合要求时，每处减1～2分。

3）面层与路缘石及其他构筑物应密贴接顺，无积水现象。不符合要求时，每一处减1～2分。

7.5　沥青表面处治面层

7.5.1　基本要求

1）在新建或旧路的表层进行表面处治时，应将表面的泥砂及一切杂物清除干净，底层必须坚实、稳定、平整，保持干燥后才可施工。

2）沥青材料的各项指标和石料的质量、规格、用量应符合设计要求和施工规范的规定。

3）沥青浇洒应均匀，无露白，不得污染其他构筑物。

4）嵌缝料必须趁热撒铺，扫布均匀，不得有重叠现象，压实平整。

7.5.2　实测项目

见表7.5.2。

表7.5.2　沥青表面处治面层实测项目

项次	检查项目		规定值或允许偏差	检查方法和频率	权值
1	平整度	σ(mm) IRI(m/km)	4.5 7.5	平整度仪：全线每车道连续按每100m计算IRI或σ	2
		最大间隙h(mm)	10	3m直尺：每200m测2处×10尺	
2	弯沉值(0.01mm)		符合设计要求	按附录I检查	2
3△	厚度(mm)	代表值	-5	按附录H检查，每200m每车道1点	3
		合格值	-10		
4	沥青用量(kg/m²)		±0.5%	每工作日每层洒布查1次	2
5	中线平面偏位(mm)		30	经纬仪：每200m测4点	1
6	纵断高程(mm)		±20	水准仪：每200m测4断面	1
7	宽度(mm)	有侧石	±30	尺量：每200m测4处	2
		无侧石	不小于设计		
8	横坡(%)		±0.5	水准仪：每200m测4断面	1

注：同表7.4.2注②。

7.5.3　外观鉴定

1）表面平整密实，不应有松散、油包、油丁、波浪、泛油、封面料明显散失等现象，有上述缺陷的面积之和不超过受检面积的0.2%。不符合要求时,每超过0.2%减2分。

2）无明显碾压轮迹。不符合要求时,每处减1~2分。

3）面层与路缘石及其他构筑物应密贴接顺,不得有积水现象。不符合要求时,每处减1~2分。

7.6 水泥土基层和底基层

7.6.1 基本要求

1）土质应符合设计要求,土块应经粉碎。

2）水泥用量应按设计要求控制准确。

3）路拌深度应达到层底。

4）混合料应处于最佳含水量状况下,用重型压路机碾压至要求的压实度。从加水拌和到碾压终了的时间不应超过3~4h,并应短于水泥的终凝时间。

5）碾压检查合格后应立即覆盖或洒水养生,养生期应符合规范要求。

7.6.2 实测项目

见表7.6.2。

表7.6.2 水泥土基层和底基层实测项目

项次	检查项目		规定值或允许偏差				检查方法和频率	权值
			基层		底基层			
			高速公路一级公路	其他公路	高速公路一级公路	其他公路		
1Δ	压实度(%)	代表值	—	95	95	93	按附录B检查,每200m每车道2处	3
		极值	—	91	91	89		
2	平整度(mm)		—	12	12	15	3m直尺:每200m测2处×10尺	2
3	纵断高程(mm)		—	+5,-15	+5,-15	+5,-20	水准仪:每200m测4个断面	1
4	宽度(mm)		符合设计要求		符合设计要求		尺量:每200m测4个断面	1
5Δ	厚度(mm)	代表值	—	-10	-10	-12	按附录H检查,每200m每车道1点	2
		合格值	—	-20	-25	-30		
6	横坡(%)		—	±0.5	±0.3	±0.5	水准仪:每200m测4个断面	1
7Δ	强度(MPa)		符合设计要求		符合设计要求		按附录G检查	3

7.6.3 外观鉴定

1）表面平整密实、无坑洼。不符合要求时,每处减1~2分。

2）施工接茬平整、稳定。不符合要求时,每处减1~2分。

7.7 水泥稳定粒料(碎石、砂砾或矿渣等)基层和底基层

7.7.1 基本要求

1）粒料应符合设计和施工规范要求，并应根据当地料源选择质坚干净的粒料；矿渣应分解稳定，未分解渣块应予剔除。

2）水泥用量和矿料级配应按设计控制准确。

3）路拌深度应达到层底。

4）摊铺时应注意消除离析现象。

5）混合料应处于最佳含水量状况下，用重型压路机碾压至要求的压实度。从加水拌和到碾压终了的时间不应超过 3～4h，并应短于水泥的终凝时间。

6）碾压检查合格后应立即覆盖或洒水养生，养生期应符合规范要求。

7.7.2　实测项目

见表 7.7.2。

表 7.7.2　水泥稳定粒料基层和底基层实测项目

项次	检查项目		规定值或允许偏差				检查方法和频率	权值
			基层		底基层			
			高速公路一级公路	其他公路	高速公路一级公路	其他公路		
1△	压实度(%)	代表值	98	97	96	95	按附录 B 检查，每 200m 每车道 2 处	3
		极值	94	93	92	91		
2	平整度(mm)		8	12	12	15	3m 直尺：每 200m 测 2 处×10 尺	2
3	纵断高程(mm)		+5，-10	+5，-15	+5，-15	+5，-20	水准仪：每 200m 测 4 个断面	1
4	宽度(mm)		符合设计要求		符合设计要求		尺量：每 200m 测 4 处	1
5△	厚度(mm)	代表值	-8	-10	-10	-12	按附录 H 检查，每 200m 每车道 1 点	3
		合格值	-15	-20	-25	-30		
6	横坡(%)		±0.3	±0.5	±0.3	±0.5	水准仪：每 200m 测 4 个断面	1
7△	强度(MPa)		符合设计要求		符合设计要求		按附录 G 检查	3

7.7.3　外观鉴定

1）表面平整密实、无坑洼、无明显离析。不符合要求时，每处减 1～2 分。

2）施工接茬平整、稳定。不符合要求时，每处减 1～2 分。

7.8　石灰土基层和底基层

7.8.1　基本要求

1）土质应符合设计要求，土块应经粉碎。

2）石灰质量应符合设计要求，块灰须经充分消解才能使用。

3）石灰和土的用量应按设计要求控制准确，未消解的生石灰块必须剔除。

4）路拌深度应达到层底。

5）混合料应处于最佳含水量状况下，用重型压路机碾压至要求的压实度。

6）保湿养生，养生期应符合规范要求。

7.8.2 实测项目

见表7.8.2。

表7.8.2 石灰土基层和底基层实测项目

<table>
<tr><th rowspan="3">项次</th><th rowspan="3" colspan="2">检查项目</th><th colspan="4">规定值或允许偏差</th><th rowspan="3">检查方法和频率</th><th rowspan="3">权值</th></tr>
<tr><th colspan="2">基层</th><th colspan="2">底基层</th></tr>
<tr><th>高速公路
一级公路</th><th>其他
公路</th><th>高速公路
一级公路</th><th>其他
公路</th></tr>
<tr><td rowspan="2">1△</td><td rowspan="2">压实度
(%)</td><td>代表值</td><td>—</td><td>95</td><td>95</td><td>93</td><td rowspan="2">按附录B检查，每200m每车道2处</td><td rowspan="2">3</td></tr>
<tr><td>极值</td><td>—</td><td>91</td><td>91</td><td>89</td></tr>
<tr><td>2</td><td colspan="2">平整度(mm)</td><td>—</td><td>12</td><td>12</td><td>15</td><td>3m直尺：每200m测2处×10尺</td><td>2</td></tr>
<tr><td>3</td><td colspan="2">纵断高程(mm)</td><td>—</td><td>+5，-15</td><td>+5，-15</td><td>+5，-20</td><td>水准仪：每200m测4个断面</td><td>1</td></tr>
<tr><td>4</td><td colspan="2">宽度(mm)</td><td colspan="2">符合设计要求</td><td colspan="2">符合设计要求</td><td>尺量：每200m测4处</td><td>1</td></tr>
<tr><td rowspan="2">5△</td><td rowspan="2">厚度
(mm)</td><td>代表值</td><td>—</td><td>-10</td><td>-10</td><td>-12</td><td rowspan="2">按附录H检查，每200m每车道1点</td><td rowspan="2">2</td></tr>
<tr><td>合格值</td><td>—</td><td>-20</td><td>-25</td><td>-30</td></tr>
<tr><td>6</td><td colspan="2">横坡(%)</td><td>—</td><td>±0.5</td><td>±0.3</td><td>±0.5</td><td>水准仪：每200m测4个断面</td><td>1</td></tr>
<tr><td>7△</td><td colspan="2">强度(MPa)</td><td colspan="2">符合设计要求</td><td colspan="2">符合设计要求</td><td>按附录G检查</td><td>3</td></tr>
</table>

7.8.3 外观鉴定

1）表面平整密实、无坑洼。不符合要求时，每处减1~2分。

2）施工接茬平整、稳定。不符合要求时，每处减1~2分。

7.9 石灰稳定粒料（碎石、砂砾或矿渣等）基层和底基层

7.9.1 基本要求

1）粒料应符合设计和施工规范要求，矿渣应分解稳定后才能使用。

2）石灰质量应符合设计要求，块灰须经充分消解才能使用。

3）石灰的用量应按设计要求控制准确，未消解生石灰块必须剔除。

4）路拌深度应达到层底。

5）混合料应处于最佳含水量状况下，用重型压路机碾压至要求的压实度。

6）保湿养生，养生期应符合规范要求。

7.9.2 实测项目

见表7.9.2。

表 7.9.2　石灰稳定粒料基层和底基层实测项目

项次	检查项目		规定值或允许偏差				检查方法和频率	权值
			基层		底基层			
			高速公路 一级公路	其他 公路	高速公路 一级公路	其他 公路		
1Δ	压实度 (%)	代表值	—	97	96	95	按附录 B 检查,每 200m 每车道 2 处	3
		极值	—	93	92	91		
2	平整度(mm)		—	12	12	15	3m 直尺:每 200m 测 2 处×10 尺	2
3	纵断高程(mm)		—	+5,-15	+5,-15	+5,-20	水准仪:每 200m 测 4 个断面	1
4	宽度(mm)		符合设计要求		符合设计要求		尺量:每 200m 测 4 处	1
5Δ	厚度 (mm)	代表值	—	-10	-10	-12	按附录 H 检查,每 200m 每车道 1 点	2
		合格值	—	-20	-25	-30		
6	横坡(%)		—	±0.5	±0.3	±0.5	水准仪:每 200m 测 4 个断面	1
7Δ	强度(MPa)		符合设计要求		符合设计要求		按附录 G 检查	3

7.9.3 外观鉴定

1) 表面平整密实、无坑洼。不符合要求时,每处减 1~2 分。

2) 施工接茬平整、稳定。不符合要求时,每处减 1~2 分。

7.10 石灰、粉煤灰土基层和底基层

7.10.1 基本要求

1) 土质应符合设计要求,土块应经粉碎。

2) 石灰和粉煤灰质量应符合设计要求,石灰须经充分消解才能使用。

3) 混合料配合比应准确,不得含有灰团和生石灰块。

4) 碾压时应先用轻型压路机稳压,后用重型压路机碾压至要求的压实度。

5) 保湿养生,养生期应符合规范要求。

7.10.2 实测项目

见表 7.10.2。

表 7.10.2　石灰、粉煤灰土基层和底基层实测项目

项次	检查项目		规定值或允许偏差				检查方法和频率	权值
			基层		底基层			
			高速公路 一级公路	其他 公路	高速公路 一级公路	其他 公路		
1Δ	压实度 (%)	代表值	—	95	95	93	按附录 B 检查,每 200m 每车道 2 处	3
		极值	—	91	91	89		
2	平整度(mm)		—	12	12	15	3m 直尺:每 200m 测 2 处×10 尺	2
3	纵断高程(mm)		—	+5,-15	+5,-15	+5,-20	水准仪:每 200m 测 4 个断面	1

续上表

项次	检查项目		规定值或允许偏差				检查方法和频率	权值
			基层		底基层			
			高速公路 一级公路	其他 公路	高速公路 一级公路	其他 公路		
4	宽度(mm)		符合设计要求		符合设计要求		尺量:每200m测4处	1
5Δ	厚度 (mm)	代表值	—	-10	-10	-12	按附录H检查,每200m每车道1点	2
		合格值	—	-20	-25	-30		
6	横坡(%)		—	±0.5	±0.3	±0.5	水准仪:每200m测4个断面	1
7Δ	强度(MPa)		符合设计要求		符合设计要求		按附录G检查	3

7.10.3 外观鉴定

1) 表面平整密实、无坑洼。不符合要求时,每处减1~2分。

2) 施工接茬平整、稳定。不符合要求时,每处减1~2分。

7.11 石灰、粉煤灰稳定粒料(碎石、砂砾或矿渣等)基层和底基层

7.11.1 基本要求

1) 粒料应符合设计和施工规范要求,并应根据当地料源选择质坚干净的粒料。矿渣应分解稳定,未分解渣块应予剔除。

2) 石灰和粉煤灰质量应符合设计要求,石灰须经充分消解才能使用。

3) 混合料配合比应准确,不得含有灰团和生石灰块。

4) 摊铺时应注意消除离析现象。

5) 碾压时应先用轻型压路机稳压,后用重型压路机碾压至要求的压实度。

6) 保湿养生,养生期应符合规范要求。

7.11.2 实测项目

见表7.11.2。

表7.11.2 石灰、粉煤灰稳定粒料基层和底基层实测项目

项次	检查项目		规定值或允许偏差				检查方法和频率	权值
			基层		底基层			
			高速公路 一级公路	其他 公路	高速公路 一级公路	其他 公路		
1Δ	压实度 (%)	代表值	98	97	96	95	按附录B检查,每200m每车道2处	3
		极值	94	93	92	91		
2	平整度(mm)		8	12	12	15	3m直尺:每200m测2处×10尺	2
3	纵断高程(mm)		+5,-10	+5,-15	+5,-15	+5,-20	水准仪:每200m测4个断面	1
4	宽度(mm)		符合设计要求		符合设计要求		尺量:每200m测4处	1

续上表

项次	检查项目		规定值或允许偏差				检查方法和频率	权值
			基层		底基层			
			高速公路一级公路	其他公路	高速公路一级公路	其他公路		
5△	厚度(mm)	代表值	-8	-10	-10	-12	按附录H检查,每200m每车道1点	2
		合格值	-15	-20	-25	-30		
6	横坡(%)		±0.3	±0.5	±0.3	±0.5	水准仪:每200m测4个断面	1
7△	强度(MPa)		符合设计要求		符合设计要求		按附录G检查	3

7.11.3　外观鉴定

1) 表面平整密实、无坑洼、无明显离析。不符合要求时,每处减1~2分。

2) 施工接茬平整、稳定。不符合要求时,每处减1~2分。

7.12　级配碎(砾)石基层和底基层

7.12.1　基本要求

1) 应选用质地坚韧、无杂质的碎石、砂砾、石屑或砂,级配应符合要求。

2) 配料必须准确,塑性指数必须符合规定。

3) 混合料应拌和均匀,无明显离析现象。

4) 碾压应遵循先轻后重的原则,洒水碾压至要求的密实度。

7.12.2　实测项目

见表7.12.2。

表7.12.2　级配碎(砾)石基层和底基层实测项目

项次	检查项目		规定值或允许偏差				检查方法和频率	权值
			基层		底基层			
			高速公路一级公路	其他公路	高速公路一级公路	其他公路		
1△	压实度(%)	代表值	98	98	96	96	按附录B检查,每200m每车道2处	3
		极值	94	94	92	92		
2	弯沉值(0.01mm)		符合设计要求		符合设计要求		按附录I检查	3
3	平整度(mm)		8	12	12	15	3m直尺:每200m测2处×10尺	2
4	纵断高程(mm)		+5,-10	+5,-15	+5,-15	+5,-20	水准仪:每200m测4个断面	1
5	宽度(mm)		符合设计要求		符合设计要求		尺量:每200m测4处	1
6△	厚度(mm)	代表值	-8	-10	-10	-12	按附录H检查,每200m每车道1点	2
		合格值	-15	-20	-25	-30		
7	横坡(%)		±0.3	±0.5	±0.3	±0.5	水准仪:每200m测4个断面	1

7.12.3 外观鉴定

表面平整密实,边线整齐,无松散。不符合要求时,每处减1~2分。

7.13 填隙碎石(矿渣)基层和底基层

7.13.1 基本要求

1) 粗粒料应为质坚、无杂质的轧制石料或分解稳定的轧制矿渣,填缝料为5mm以下的轧制细料或粗砂。

2) 应用振动压路机碾压,使填缝料填满粗粒料空隙。

7.13.2 实测项目

见表7.13.2。

表7.13.2 填隙碎石(矿渣)基层和底基层实测项目

项次	检查项目		规定值或允许偏差				检查方法和频率	权值
			基层		底基层			
			高速公路一级公路	其他公路	高速公路一级公路	其他公路		
1Δ	固体体积率(%)	代表值	—	85	85	83	灌砂法:每200m每车道2处	3
		极值	—	82	82	80		
2	弯沉值(0.01mm)		符合设计要求		符合设计要求		按附录I检查	2
3	平整度(mm)		—	12	12	15	3m直尺:每200m测2处×10尺	2
4	纵断高程(mm)		—	+5,-15	+5,-15	+5,-20	水准仪:每200m测4个断面	1
5	宽度(mm)		符合设计要求		符合设计要求		尺量:每200m测4处	1
6Δ	厚度(mm)	代表值	—	-10	-10	-12	按附录H检查,每200m每车道1点	2
		合格值	—	-20	-25	-30		
7	横坡(%)		—	±0.5	±0.3	±0.5	水准仪:每200m测4个断面	1

7.13.3 外观鉴定

表面平整密实,边线整齐,无松散现象。不符合要求时,每处减1~2分。

7.14 路缘石铺设

7.14.1 基本要求

1) 预制缘石的质量应符合设计要求。

2) 安砌稳固,顶面平整,缝宽均匀,勾缝密实,线条直顺,曲线圆滑美观。

3) 槽底基础和后背填料必须夯打密实。

4) 现浇路缘石材料应符合设计要求。

7.14.2　实测项目

见表7.14.2。

表7.14.2　路缘石铺设实测项目

<table>
<tr><th>项　次</th><th colspan="2">检 查 项 目</th><th>规定值或允许偏差</th><th>检查方法和频率</th><th>权　值</th></tr>
<tr><td>1</td><td colspan="2">直顺度(mm)</td><td>10</td><td>20m拉线:每200m测4处</td><td>3</td></tr>
<tr><td rowspan="3">2</td><td rowspan="2">预制铺设</td><td>相邻两块高差(mm)</td><td>3</td><td>水平尺:每200m测4处</td><td>2</td></tr>
<tr><td>相邻两块缝宽(mm)</td><td>±3</td><td>尺量:每200m测4处</td><td>1</td></tr>
<tr><td>现浇</td><td>宽度(mm)</td><td>±5</td><td>尺量:每200m测4处</td><td>2</td></tr>
<tr><td>3</td><td colspan="2">顶面高程(mm)</td><td>±10</td><td>水准仪:每200m测4点</td><td>2</td></tr>
</table>

7.14.3　外观鉴定

1）勾缝密实均匀,无杂物污染。不符合要求时,每处减1~2分。

2）缘石与路面齐平,排水口整齐、通畅,无阻水现象。不符合要求时,每处减1~2分。

7.15　路肩

7.15.1　基本要求

1）路肩表面应平整密实,不积水。

2）肩线应直顺,曲线圆滑。

3）硬路肩质量要求应与路面结构层相同。

7.15.2　实测项目

见表7.15.2。

表7.15.2　路 肩 实 测 项 目

<table>
<tr><th>项次</th><th colspan="2">检 查 项 目</th><th>规定值或允许偏差</th><th>检查方法和频率</th><th>权值</th></tr>
<tr><td>1</td><td colspan="2">压实度(%)</td><td>不小于设计</td><td>按附录B检查,每200m测2处</td><td>2</td></tr>
<tr><td rowspan="2">2</td><td rowspan="2">平整度(mm)</td><td>土路肩</td><td>20</td><td rowspan="2">3m直尺:每200m测2处×4尺</td><td rowspan="2">1</td></tr>
<tr><td>硬路肩</td><td>10</td></tr>
<tr><td>3</td><td colspan="2">横坡(%)</td><td>±1.0</td><td>水准仪:每200m测2处</td><td>1</td></tr>
<tr><td>4</td><td colspan="2">宽度(mm)</td><td>符合设计要求</td><td>尺量:每200m测2处</td><td>2</td></tr>
</table>

7.15.3　外观鉴定

1）路肩无阻水现象。不符合要求时,每处减1~2分。

2）路肩边缘直顺,无其他堆积物。不符合要求时,单向累计长度每50m或每处减1~2分。

8 桥梁工程

8.1 一般规定

8.1.1 独立桥梁、互通或分离式立交桥、高架桥、人行天桥和符合小桥标准的通道按本章有关规定进行评定。

8.1.2 本章仅列出公路桥涵中最常用的砌体分项工程,防护工程和其他未包含的分项工程按本标准第6章进行评定。

8.1.3 钢筋混凝土构件和预应力混凝土构件除包括构件浇筑、构件安装等分项工程外,均应包括钢筋加工及安装、预应力筋加工和张拉等分项工程。

8.1.4 顶推施工梁、悬臂施工梁和转体施工梁,除按本章第8.7.3、8.7.4和8.7.5条评定外,还应对梁段制作进行评定。

8.1.5 拱圈的施工必须在桥台填土完成后进行,避免因桥台水平位移而引起拱圈开裂。施工中应严密监控拱圈的变形是否正常,一旦出现不利于拱圈稳定的反对称变形或异常变形,必须立即分析原因,采取措施予以纠正。

8.1.6 拱桥组合桥台的组合性能按本章第8.6.4条进行评定,各个组成部分按本章相关分项工程的规定进行评定。

8.1.7 转体施工的拱除按本章第8.8.4条评定外,还应对拱圈制作进行评定。

8.1.8 拱桥拱上建筑按本章第8.6、8.7和8.8节的有关规定评定。

8.1.9 主跨和边跨采用不同材料的混合式斜拉桥,可综合本章第8.10节中不同类型斜拉桥的相关规定进行评定,地锚式斜拉桥锚碇部分可按本章第8.11节相关规定进行评定。

8.1.10 拉吊组合体系桥可综合本章第8.10节及第8.11节相关规定进行评定。

8.1.11　桥上采用的波形护栏或缆索护栏,按照本标准第 11.4、11.6 节进行评定。

8.1.12　桥上照明、监控、航空航运标志等附属设施应参照相关专业标准进行评定。

8.1.13　每座独立大桥、中桥为一个单位工程,互通立交中的每座桥梁以及路基工程中的每座小桥(包括符合小桥标准的通道)、人行天桥和渡槽各为一个分部工程。分项工程原则上按结构构件和施工阶段划分。特大桥的单位工程、分部工程的划分可根据具体情况确定。

8.2　桥梁总体

8.2.1　基本要求

1）桥梁施工应严格按照设计图纸、施工技术规范和有关技术操作规程要求进行。

2）桥下净空不得小于设计要求。

3）特大跨径桥梁或结构复杂的桥梁,必要时应进行荷载试验。

8.2.2　实测项目

见表 8.2.2。

表 8.2.2　桥梁总体实测项目

项次	检查项目		规定值或允许偏差	检查方法和频率	权值
1	桥面中线偏位(mm)		20	全站仪或经纬仪:检查 3～8 处	2
2	桥宽(mm)	车行道	±10	尺量:每孔 3～5 处	2
		人行道	±10		
3	桥长(mm)		+300,−100	全站仪或经纬仪、钢尺:检查中心线	1
4	引道中心线与桥梁中心线的衔接(mm)		20	尺量:分别将引道中心线和桥梁中心线延长至两岸桥长端部,比较其平面位置	2
5	桥头高程衔接(mm)		±3	水准仪:在桥头搭板范围内顺延桥面纵坡,每米 1 点测量标高	2

8.2.3　外观鉴定

1）桥梁的内外轮廓线条应顺滑清晰,无突变、明显折变或反复现象。不符合要求时减 1～3 分。

2）栏杆、防护栏、灯柱和缘石的线形顺滑流畅,无折弯现象。不符合要求时减 1～3 分。

3）踏步顺直,与边坡一致。不符合要求时减 1～2 分。

8.3　钢筋和预应力筋加工、安装及张拉

8.3.1　钢筋加工及安装

1　基本要求

1）钢筋、机械连接器、焊条等的品种、规格和技术性能应符合国家现行标准规定和设

计要求。

2）冷拉钢筋的机械性能必须符合规范要求，钢筋平直，表面不应有裂皮和油污。

3）受力钢筋同一截面的接头数量、搭接长度、焊接和机械接头质量应符合施工技术规范要求。

4）钢筋安装时，必须保证设计要求的钢筋根数。

5）受力钢筋应平直，表面不得有裂纹及其他损伤。

2 实测项目

见表 8.3.1-1 至表 8.3.1-3。

表 8.3.1-1 钢筋安装实测项目

<table>
<tr><th>项 次</th><th colspan="3">检 查 项 目</th><th>规定值或允许偏差</th><th>检查方法和频率</th><th>权 值</th></tr>
<tr><td rowspan="4">1Δ</td><td rowspan="4">受力钢筋间距(mm)</td><td colspan="2">两排以上排距</td><td>±5</td><td rowspan="4">尺量:每构件检查2个断面</td><td rowspan="4">3</td></tr>
<tr><td rowspan="2">同排</td><td>梁、板、拱肋</td><td>±10</td></tr>
<tr><td>基础、锚碇、墩台、柱</td><td>±20</td></tr>
<tr><td colspan="2">灌注桩</td><td>±20</td></tr>
<tr><td>2</td><td colspan="3">箍筋、横向水平钢筋、螺旋筋间距(mm)</td><td>±10</td><td>尺量:每构件检查5~10个间距</td><td>2</td></tr>
<tr><td rowspan="2">3</td><td rowspan="2" colspan="2">钢筋骨架尺寸(mm)</td><td>长</td><td>±10</td><td rowspan="2">尺量:按骨架总数30%抽查</td><td rowspan="2">1</td></tr>
<tr><td>宽、高或直径</td><td>±5</td></tr>
<tr><td>4</td><td colspan="3">弯起钢筋位置(mm)</td><td>±20</td><td>尺量:每骨架抽查30%</td><td>2</td></tr>
<tr><td rowspan="3">5Δ</td><td rowspan="3" colspan="2">保护层厚度(mm)</td><td>柱、梁、拱肋</td><td>±5</td><td rowspan="3">尺量:每构件沿模板周边检查8处</td><td rowspan="3">3</td></tr>
<tr><td>基础、锚碇、墩台</td><td>±10</td></tr>
<tr><td>板</td><td>±3</td></tr>
</table>

注:①小型构件的钢筋安装按总数抽查30%。

②在海水或腐蚀环境中,保护层厚度不应出现负值。

表 8.3.1-2 钢筋网实测项目

项 次	检 查 项 目	规定值或允许偏差	检查方法和频率	权 值
1	网的长、宽(mm)	±10	尺量:全部	1
2	网眼尺寸(mm)	±10	尺量:抽查3个网眼	1
3	对角线差(mm)	15	尺量:抽查3个网眼对角线	1

表 8.3.1-3 预制桩钢筋安装实测项目

项 次	检 查 项 目	规定值或允许偏差	检查方法和频率	权 值
1Δ	纵钢筋间距(mm)	±5	尺量:抽查3个断面	3
2	箍筋、螺旋筋间距(mm)	±10	尺量:抽查5个间距	2
3Δ	纵向钢筋保护层厚度(mm)	±5	尺量:抽查3个断面,每个断面4处	3
4	桩顶钢筋网片位置(mm)	±5	尺量:每桩	1
5	桩尖纵向钢筋位置(mm)	±5	尺量:每桩	1

注:在海水或腐蚀环境中,保护层厚度不应出现负值。

3　外观鉴定

1）钢筋表面无铁锈及焊渣。不符合要求时减1～3分。

2）多层钢筋网要有足够的钢筋支撑,保证骨架的施工刚度。不符合要求时减1～3分。

8.3.2　预应力筋的加工和张拉

1　基本要求

1）预应力筋的各项技术性能必须符合国家现行标准规定和设计要求。

2）预应力束中的钢丝、钢绞线应梳理顺直,不得有缠绞、扭麻花现象,表面不应有损伤。

3）单根钢绞线不允许断丝,单根钢筋不允许断筋或滑移。

4）同一截面预应力筋接头面积不超过预应力筋总面积的25%,接头质量应满足施工技术规范的要求。

5）预应力筋张拉或放张时,混凝土强度和龄期必须符合设计要求,应严格按照设计规定的张拉顺序进行操作。

6）预应力钢丝采用镦头锚时,镦头应头形圆整,不得有斜歪或破裂现象。

7）制孔管道应安装牢固,接头密合,弯曲圆顺。锚垫板平面应与孔道轴线垂直。

8）千斤顶、油表、钢尺等器具应经检验校正。

9）锚具、夹具和连接器应符合设计要求,按施工技术规范的要求经检验合格后方可使用。

10）压浆工作在5℃以下进行时,应采取防冻或保温措施。

11）孔道压浆的水泥浆性能和强度应符合施工技术规范要求,压浆时排气、排水孔应有水泥原浆溢出后方可封闭。

12）应按设计要求浇筑封锚混凝土。

2　实测项目

见表8.3.2-1至表8.3.2-3。

表8.3.2-1　钢丝、钢绞线先张法实测项目

项　次	检查项目		规定值或允许偏差	检查方法和频率	权　值
1	镦头钢丝同束长度相对差(mm)	$L>20$m	$L/5000$及5	尺量:每批抽查2束	2
		20m$\leqslant L \leqslant$6m	$L/3000$		
		$L<6$m	2		
2Δ	张拉应力值		符合设计要求	查油压表读数,每束	3
3Δ	张拉伸长率		符合设计规定,设计未规定时±6%	尺量:每束	3
4	同一构件内断丝根数不超过钢丝总数的百分数		1%	目测:每根(束)检查	3

注:L为钢束长度。

表 8.3.2-2　粗钢筋先张法实测项目

项　次	检查项目	规定值或允许偏差	检查方法和频率	权　值
1	冷拉钢筋接头在同一平面内的轴线偏位(mm)	2 及 1/10 直径	拉线用尺量:抽查 30%	3
2	中心偏位(mm)	4%短边及 5	尺量:全部	1
3Δ	张拉应力值	符合设计要求	查油压表读数:全部	3
4Δ	张拉伸长率	符合设计规定,设计未规定时 ±6%	尺量:全部	3

表 8.3.2-3　后张法实测项目

项　次	检查项目		规定值或允许偏差	检查方法和频率	权　值
1	管道坐标(mm)	梁长方向	±30	尺量:抽查 30%,每根查 10 个点	1
		梁高方向	±10		
2	管道间距(mm)	同排	10	尺量:抽查 30%,每根查 5 个点	1
		上下层	10		
3Δ	张拉应力值		符合设计要求	查油压表读数:全部	4
4Δ	张拉伸长率		符合设计规定,设计未规定时 ±6%	尺量:全部	3
5	断丝滑丝数	钢束	每束 1 根,且每断面不超过钢丝总数的 1%	目测:每根(束)	3
		钢筋	不允许		

3　外观鉴定

预应力筋表面应保持清洁,不应有明显的锈迹。不符合要求时减 1～3 分。

8.4　砌体

8.4.1　基础砌体

1　基本要求

1）石料或混凝土预制块的质量和规格必须符合有关规范的要求。

2）砂浆所用的水泥、砂和水的质量必须符合有关规范的要求,按规定的配合比施工。

3）地基承载力应满足设计要求,严禁超挖回填虚土。

4）砌块应错缝、坐浆挤紧,嵌缝料和砂浆饱满,无空洞、宽缝、大堆砂浆填隙和假缝。

2　实测项目

见表 8.4.1。

表 8.4.1　基　础　砌　体

项　次	检查项目		规定值或允许偏差	检查方法和频率	权　值
1Δ	砂浆强度(MPa)		在合格标准内	按附录 F 检查	3
2	轴线偏位(mm)		25	经纬仪:纵、横各测量 2 点	2
3	平面尺寸(mm)		±50	尺量:长、宽各 3 处	2
4	顶面高程(mm)		±30	水准仪:测 5～8 点	1
5Δ	基底高程(mm)	土质	±50	水准仪:测 5～8 点	2
		石质	+50, -200		

3　外观鉴定

1）砌体表面应平整。不符合要求时减 1～3 分。

2）砌缝不应有裂隙。不符合要求时减 1～3 分。裂隙宽度超过 0.5mm 时必须进行处理。

8.4.2　墩台身砌体

1　基本要求

1）石料或混凝土预制块的质量和规格必须符合有关规范的要求。

2）砂浆所用的水泥、砂和水的质量必须符合有关规范的要求，按规定的配合比施工。

3）砌块应错缝、坐浆挤紧，嵌缝料和砂浆饱满，无空洞、宽缝、大堆砂浆填隙和假缝。

2　实测项目

见表 8.4.2。

表 8.4.2　墩、台身砌体实测项目

项　次	检 查 项 目		规定值或允许偏差	检查方法和频率	权 值
1Δ	砂浆强度(MPa)		在合格标准内	按附录 F 检查	3
2	轴线偏位(mm)		20	全站仪或经纬仪：纵、横各测量 2 点	1
3	墩台长、宽(mm)	料石	+20，-10	尺量：检查 3 个断面	1
		块石	+30，-10		
		片石	+40，-10		
4	竖直度或坡度(%)	料石、块石	0.3	垂线或经纬仪：纵、横各测量 2 处	1
		片石	0.5		
5Δ	墩、台顶面高程(mm)		±10	水准仪：测量 3 点	2
6	大面积平整度(mm)	料石	10	2m 直尺：检查竖直、水平两个方向，每 20 m^2 测 1 处	1
		块石	20		
		片石	30		

3　外观鉴定

1）砌体直顺，表面平整。不符合要求时减 1～3 分。

2）勾缝平顺，无开裂和脱落现象。不符合要求时减 1～3 分。

3）砌缝不应有裂隙。不符合要求时减 1～3 分。裂隙宽度超过 0.5mm 时必须进行处理。

8.4.3　拱圈砌体

1　基本要求

1）石料或混凝土预制块的质量和规格必须符合有关规范的要求。

2）砂浆所用的水泥、砂和水的质量必须符合有关规范的要求，按规定的配合比施工。

3）拱圈的辐射缝应垂直于拱轴线，辐射缝两侧相邻两行拱石的砌缝应互相错开，错开距离不应小于 100mm。

4）砌块应错缝、坐浆挤紧，嵌缝料和砂浆饱满，无空洞、宽缝、大堆砂浆填隙和假缝。

5）拱架应牢固、稳定，严格按设计规定的顺序砌筑拱圈和卸架。

2　实测项目

见表 8.4.3。

表 8.4.3　拱圈砌体实测项目

<table>
<tr><th>项　次</th><th colspan="2">检 查 项 目</th><th>规定值或允许偏差</th><th>检查方法和频率</th><th>权　值</th></tr>
<tr><td>1Δ</td><td colspan="2">砂浆强度(MPa)</td><td>在合格标准内</td><td>按附录 F 检查</td><td>3</td></tr>
<tr><td rowspan="2">2</td><td rowspan="2">砌体外侧平面偏位(mm)</td><td>无镶面</td><td>+30，-10</td><td rowspan="2">经纬仪：检查拱脚、拱顶、1/4 跨共 5 处</td><td rowspan="2">1</td></tr>
<tr><td>有镶面</td><td>+20，-10</td></tr>
<tr><td>3Δ</td><td colspan="2">拱圈厚度(mm)</td><td>+30，-0</td><td>尺量：检查拱脚、拱顶、1/4 跨共 5 处</td><td>2</td></tr>
<tr><td rowspan="2">4</td><td rowspan="2">相邻镶面石砌块表层错位(mm)</td><td>料石、混凝土预制块</td><td>3</td><td rowspan="2">拉线用尺量：检查 3~5 处</td><td rowspan="2">1</td></tr>
<tr><td>块石</td><td>5</td></tr>
<tr><td rowspan="3">5Δ</td><td rowspan="3">内弧线偏离设计弧线(mm)</td><td>跨径≤30m</td><td>±20</td><td rowspan="3">水准仪或尺量：检查拱脚、拱顶、1/4 跨共 5 处高程</td><td rowspan="3">2</td></tr>
<tr><td>跨径>30m</td><td>±1/1500 跨径</td></tr>
<tr><td>极值</td><td>拱腹四分点：允许偏差的 2 倍且反向</td></tr>
</table>

注：项次 2 平面偏位向外为“+”，向内为“-”，下同。

3　外观鉴定

1）拱圈轮廓线应清晰，表面整齐。不符合要求时减 1~3 分。

2）勾缝应平顺，无开裂和脱落现象。不符合要求时减 2~4 分。

3）砌缝不应有裂隙。不符合要求时减 1~3 分。裂隙宽度超过 0.5mm 时必须进行处理。

8.4.4　侧墙身砌体

1　基本要求

同本标准第 8.4.2 条 1。

2　实测项目

见表 8.4.4。

表 8.4.4　侧墙砌体实测项目

<table>
<tr><th>项　次</th><th colspan="2">检 查 项 目</th><th>规定值或允许偏差</th><th>检查方法和频率</th><th>权　值</th></tr>
<tr><td>1Δ</td><td colspan="2">砂浆强度(MPa)</td><td>在合格标准内</td><td>按附录 F 检查</td><td>3</td></tr>
<tr><td rowspan="2">2</td><td rowspan="2">外侧平面偏位(mm)</td><td>无镶面</td><td>+30，-10</td><td rowspan="2">经纬仪：抽查 5 处</td><td rowspan="2">1</td></tr>
<tr><td>有镶面</td><td>+20，-10</td></tr>
<tr><td>3Δ</td><td colspan="2">宽度(mm)</td><td>+40，-10</td><td>尺量：检查 5 处</td><td>2</td></tr>
<tr><td>4</td><td colspan="2">顶面高程(mm)</td><td>±10</td><td>水准仪：检查 5 点</td><td>2</td></tr>
<tr><td rowspan="2">5</td><td rowspan="2">竖直度或坡度(%)</td><td>片石砌体</td><td>0.5</td><td rowspan="2">吊垂线：每侧墙面检查 1~2 处</td><td rowspan="2">1</td></tr>
<tr><td>块石、粗料石、混凝土块镶面</td><td>0.3</td></tr>
</table>

3　外观鉴定

同本标准第8.4.2条3。

8.5 基础

8.5.1 扩大基础

1 基本要求

1) 所用的水泥、砂、石、水、外掺剂及混合材料的质量和规格必须符合有关规范的要求,按规定的配合比施工。

2) 不得出现露筋和空洞现象。

3) 基础的地基承载力必须满足设计要求。

4) 严禁超挖回填虚土。

2 实测项目

见表8.5.1。

表8.5.1 扩大基础实测项目

项次	检查项目		规定值或允许偏差	检查方法和频率	权值
1Δ	混凝土强度(MPa)		在合格标准内	按附录D检查	3
2	平面尺寸(mm)		±50	尺量:长、宽各检查3处	2
3Δ	基础底面高程(mm)	土质	±50	水准仪:测量5~8点	2
		石质	+50,-200		
4	基础顶面高程(mm)		±30	水准仪:测量5~8点	1
5	轴线偏位(mm)		25	全站仪或经纬仪:纵、横各检查2点	2

3 外观鉴定

混凝土表面应平整,无明显施工接缝。不符合要求时减1~3分。

8.5.2 钻孔灌注桩

1 基本要求

1) 桩身混凝土所用的水泥、砂、石、水、外掺剂及混合材料的质量和规格必须符合有关规范的要求,按规定的配合比施工。

2) 成孔后必须清孔,测量孔径、孔深、孔位和沉淀层厚度,确认满足设计或施工技术规范要求后,方可灌注水下混凝土。

3) 水下混凝土应连续灌注,严禁有夹层和断桩。

4) 嵌入承台的锚固钢筋长度不得低于设计规范规定的最小锚固长度要求。

5) 应选择有代表性的桩用无破损法进行检测,重要工程或重要部位的桩宜逐根进行检测。设计有规定或对桩的质量有怀疑时,应采取钻取芯样法对桩进行检测。

6) 凿除桩头预留混凝土后,桩顶应无残余的松散混凝土。

2 实测项目

见表8.5.2。

表 8.5.2 钻孔灌注桩实测项目

项次	检查项目			规定值或允许偏差	检查方法和频率	权值
1Δ	混凝土强度(MPa)			在合格标准内	按附录 D 检查	3
2Δ	桩位(mm)	群桩		100	全站仪或经纬仪:每桩检查	2
		排架桩	允许	50		
			极值	100		
3Δ	孔深(m)			不小于设计	测绳量:每桩测量	3
4Δ	孔径(mm)			不小于设计	探孔器:每桩测量	3
5	钻孔倾斜度(mm)			1%桩长,且不大于 500	用测壁(斜)仪或钻杆垂线法:每桩检查	1
6Δ	沉淀厚度(mm)	摩擦桩		符合设计规定,设计未规定时按施工规范要求	沉淀盒或标准测锤:每桩检查	2
		支承桩		不大于设计规定		
7	钢筋骨架底面高程(mm)			±50	水准仪:测每桩骨架顶面高程后反算	1

3 外观鉴定

1) 桩的质量有缺陷,但经设计单位确认仍可用时,应减 3 分。

2) 桩顶面应平整,桩柱连接处应平顺且无局部修补。不符合要求时减 1~3 分。

8.5.3 挖孔桩

1 基本要求

1) 桩身混凝土所用的水泥、砂、石、水、外掺剂及混合材料的质量和规格必须符合有关规范的要求,按规定的配合比施工。

2) 挖孔达到设计深度后,应及时进行孔底处理,必须做到无松渣、淤泥等扰动软土层,使孔底情况满足设计要求。

3) 嵌入承台的锚固钢筋长度不得小于设计规范规定的最小锚固长度要求。

2 实测项目

见表 8.5.3。

表 8.5.3 挖孔桩实测项目

项次	检查项目			规定值或允许偏差	检查方法和频率	权值
1Δ	混凝土强度(MPa)			在合格标准内	按附录 D 检查	3
2Δ	桩位(mm)	群桩		100	全站仪或经纬仪:每桩检查	2
		排架桩	允许	50		
			极值	100		
3Δ	孔深(m)			不小于设计值	测绳量:每桩测量	3
4Δ	孔径(mm)			不小于设计值	探孔器:每桩测量	3
5	孔的倾斜度(mm)			0.5%桩长,且不大于 200	垂线法:每桩检查	1
6	钢筋骨架底面高程(mm)			±50	水准仪测骨架顶面高程后反算:每桩检查	1

3 外观鉴定

1) 无破损检测桩的质量有缺陷,但经设计单位确认仍可用时,应减 3 分。

2）桩顶面应平整，桩柱连接处应平顺且无局部修补。不符合要求时减1～3分。

8.5.4　沉桩

1　基本要求

1）混凝土桩所用的水泥、砂、石、水、外掺剂及混合材料的质量和规格必须符合有关规范的要求，按规定的配合比施工。

2）混凝土预制桩必须按表8.5.4-1检查合格后，方可沉桩。

3）钢管桩的材料规格、外形尺寸和防护应符合设计和施工技术规范的要求。

4）用射水法沉桩，当桩尖接近设计高程时，应停止射水，用锤击或振动使桩达到设计高程。

5）桩的接头质量应符合设计要求。

2　实测项目

见表8.5.4-1和表8.5.4-2。

表8.5.4-1　预制桩实测项目

项次	检查项目		规定值或允许偏差	检查方法和频率	权值
1△	混凝土强度(MPa)		在合格标准内	按附录D检查	3
2	长度(mm)		±50	尺量：每桩检查	1
3	横截面(mm)	桩的边长	±5	尺量：每预制件检查2个断面，检查10%	2
		空心桩空心(管芯)直径	±5		
		空心中心与桩中心偏差	±5		
4	桩尖对桩的纵轴线(mm)		10	尺量：抽查10%	1
5	桩纵轴线弯曲矢高(mm)		0.1%桩长，且不大于20	沿桩长拉线量，取最大矢高：抽查10%	1
6	桩顶面与桩纵轴线倾斜偏差(mm)		1%桩径或边长，且不大于3	角尺：抽检10%	1
7	接桩的接头平面与桩轴平面垂直度		0.5%	角尺：抽检20%	1

表8.5.4-2　沉桩实测项目

项次	检查项目			规定值或允许偏差	检查方法和频率	权值
1	桩位(mm)	群桩	中间桩	$d/2$且不大于250	全站仪或经纬仪：检查20%	2
			外缘桩	$d/4$		
		排架桩	顺桥方向	40		
			垂直桥轴方向	50		
2△	桩尖高程(mm)			不高于设计规定	水准仪测桩顶面高程后反算：每桩检查	3
	贯入度(mm)			小于设计规定	与控制贯入度比较：每桩检查	
3	倾斜度	直桩		1%	垂线法：每桩检查	2
		斜桩		15%$\tan\theta$		

注：①d为桩径或短边长度。

②θ为斜桩轴线与垂线间的夹角。

③深水中采用打桩船沉桩时，其允许偏差应符合设计规定。

④当贯入度符合设计规定但桩尖高程未达到设计高程，应按施工技术规范的规定进行检验，并得到设计认可时，桩尖高程为合格。

3 外观鉴定

1）预制桩的桩顶和桩尖不得有蜂窝、麻面现象。不符合要求时减 1~3 分。

2）桩头无劈裂，如有劈裂时应进行处理，并减 1~3 分。

8.5.5 地下连续墙

1 基本要求

1）混凝土所用的水泥、砂、石、水、外掺剂及混合材料的质量和规格必须符合有关规范的要求，按规定的配合比施工。

2）墙体的深度和宽度必须符合设计要求。

3）每一槽段成槽后，必须采取有效措施清底，并测量槽深、槽宽及倾斜度，符合设计和施工技术规范要求后，方可灌注水下混凝土。

4）相邻两槽段墙体中心线在任一深度的偏差值不得超过 60mm。

5）水下混凝土应连续灌注，严禁有夹层和断墙。

6）灌注水下混凝土时，钢筋骨架不得上浮。

7）应处理好接头，防止间隔灌注时漏水漏浆。

8）墙顶应无松散混凝土。

2 实测项目

见表 8.5.5。

表 8.5.5 地下连续墙实测项目

项 次	检 查 项目	规定值或允许偏差	检查方法和频率	权 值
1Δ	混凝土强度(MPa)	在合格标准内	按附录 D 检查	3
2	轴线位置(mm)	30	全站仪或经纬仪：每槽段测 2 处	1
3	倾斜度(mm)	0.5%墙深	测壁(斜)仪或垂线法：每槽段测 1 处	1
4Δ	沉淀厚度	符合设计要求	沉淀盒或标准测锤：每槽段测 1 处	2
5	外形尺寸(mm)	+30，-0	尺量：检查 1 个断面	1
6	顶面高程(mm)	±10	水准仪：每槽段测 1~2 处	1

3 外观鉴定

1）墙体的裸露墙面应平整，外轮廓线应平顺，槽段内无突变转折现象。不符合要求时，减 1~3 分。

2）槽段之间连接处在基坑开挖时应不透水、翻砂。不符合要求时，应进行处理，并减 1~3 分。

8.5.6 沉井

1 基本要求

1）沉井所用的水泥、砂、石、水、外掺剂及混合材料的质量和规格必须符合有关规范的要求，按规定的配合比施工。

2）沉井下沉应在井壁混凝土达到规定强度后进行。浮式沉井在下水、浮运前，应进行水密性试验。

3）沉井接高时,各节的竖向中轴线应与第一节竖向中轴线相重合。接高前应纠正沉井的倾斜。

4）沉井下沉到设计高程时,应检查基底,确认符合设计要求后方可封底。

5）沉井下沉中出现开裂,必须查明原因,进行处理后才可继续下沉。

6）下沉应有完整、准确的施工记录。

2　实测项目

见表 8.5.6。

沉井的封底见表 8.5.8。

表 8.5.6　沉井实测项目

项次	检查项目		规定值或允许偏差	检查方法和频率	权值
1Δ	各节沉井混凝土强度(MPa)		在合格标准内	按附录 D 检查	3
2	沉井平面尺寸(mm)	长、宽	±0.5%边长,大于 24m 时±120	尺量:每节段	1
		半径	±0.5%半径,大于 12m 时±60		
3	井壁厚度(mm)	混凝土	+40,-30	尺量:每节段沿周边量 4 点	1
		钢壳和钢筋混凝土	±15		
4	沉井刃脚高程(mm)		符合设计要求	水准仪:测 4~8 处顶面高程反算	1
5Δ	中心偏位(纵、横向)(mm)	一般	1/50 井高	全站仪或经纬仪:测沉井两轴线交点	2
		浮式	1/50 井高+250		
6	沉井最大倾斜度(纵、横方向)(mm)		1/50 井高	吊垂线:检查两轴线 1~2 处	2
7	平面扭转角(°)	一般	1	全站仪或经纬仪:检查沉井两轴线	1
		浮式	2		

3　外观鉴定

沉井接高时施工缝应清除浮浆和凿毛。不符合要求时减 1~3 分。

8.5.7　双壁钢围堰

1　基本要求

1）钢围堰采用的钢材和焊接材料的品种规格、化学成分及力学性能必须符合设计和有关技术规范的要求,具有完整的出厂质量合格证明。

2）钢围堰壳元件的加工尺寸和预拼装精度应符合设计和有关技术规范的要求。

3）施焊人员必须具有焊接资格和上岗证。

4）焊缝探伤检测结果应全部合格。

5）钢围堰拼焊后应进行水密试验,符合设计要求后方可下沉。

6）混凝土所用的水泥、砂、石、水、外掺剂及混合材料的质量和规格应符合有关规范的要求,按规定的配合比施工。

7）钢围堰内各舱浇筑混凝土的顺序,应严格按设计规定进行。

8）钢围堰的下沉见本标准第8.5.6条。

2 实测项目

钢围堰的制作拼装见表8.5.7。

表8.5.7 双壁钢围堰的制作拼装实测项目

项 次	检查项目		规定值或允许偏差	检查方法和频率	权 值
1	顶面中心偏位(mm)	顺桥向	20	全站仪或经纬仪：测围堰两轴线交点，纵横各检查2点	1
		横桥向	20		
2	围堰平面尺寸(mm)		直径/500及30，互相垂直的直径差<20	尺量：每节检查4处	2
3	高度(mm)		±10	尺量：每节检查2处	1
4	节间错台(mm)		2	尺量：每节检查4处	1
5Δ	焊缝质量		符合设计要求	超声：抽检水平、垂直焊缝各50%	3
6Δ	水密试验		不允许渗水	加水检查：每节	2

3 外观鉴定

焊缝均不得有裂纹、未溶合、夹渣、未填满弧坑和焊瘤等缺陷，且焊缝外形均匀，成形良好，焊渣和飞溅物清除干净。不符合要求时每处减0.5~1分。

8.5.8 沉井或钢围堰的混凝土封底

1 基本要求

1）混凝土所用的水泥、砂、石、水、外掺剂及混合材料的质量和规格应符合有关规范的要求，按规定的配合比施工。

2）围堰清基应符合设计要求。清基完成并检查合格后，方可浇筑水下混凝土封底。

3）混凝土必须按水下混凝土的操作规程一次浇筑完成，在围壁处不得出现空洞，不得渗漏水。

2 实测项目

见表8.5.8。

表8.5.8 沉井或钢围堰封底混凝土实测项目

项 次	检查项目	规定值或允许偏差	检查方法和频率	权 值
1Δ	混凝土强度(MPa)	在合格标准内	按附录D检查	3
2Δ	基底高程(mm)	+0，-200	测绳和水准仪：5~9处	3
3	顶面高程(mm)	±50	水准仪：5处	1

3 外观鉴定

封底混凝土顶面应保持平整。不符合要求时减1~3分。

8.5.9 承台

1 基本要求

1）所用的水泥、砂、石、水、外掺剂及混合材料的质量和规格必须符合有关规范的要求。按规定的配合比施工。

2）必须采取措施控制水化热引起的混凝土内最高温度及内外温差在允许范围内，防止出现温度裂缝。

3）不得出现露筋和空洞现象。

2　实测项目

见表8.5.9。

表8.5.9　承台实测项目

项　次	检 查 项 目	规定值或允许偏差	检查方法和频率	权　值
1△	混凝土强度(MPa)	在合格标准内	按附录D检查	3
2	尺寸(mm)	±30	尺量:长、宽、高检查各2点	1
3	顶面高程(mm)	±20	水准仪:检查5处	2
4	轴线偏位(mm)	15	全站仪或经纬仪:纵、横各测量2点	2

3　外观鉴定

1）混凝土表面平整，棱角平直，无明显施工接缝。不符合要求时每处减1~3分。

2）蜂窝、麻面面积不得超过该面总面积的0.5%。不符合要求时，每超过0.5%减3分；深度超过1cm的必须处理。

3）混凝土表面出现非受力裂缝时减1~3分，裂缝宽度超过设计规定或设计未规定时超过0.15mm必须处理。

8.5.10　大体积混凝土结构

1　基本要求

1）所用的水泥、砂、石、水、外掺剂及混合材料的质量和规格必须符合有关规范的要求。

2）材料配合比应满足大体积混凝土施工的要求，按规定的配合比施工。

3）必须采取措施控制水化热引起的混凝土内最高温度及内外温差在允许范围内，防止出现温度裂缝。

4）不得出现露筋和空洞现象。

2　实测项目

见表8.5.10。

表8.5.10　大体积混凝土结构实测项目

项　次	检 查 项 目	规定值或允许偏差	检查方法和频率	权　值
1△	混凝土强度(MPa)	在合格标准内	按附录D检查	3
2	轴线偏位(mm)	20	全站仪或经纬仪:纵、横各测量2点	2
3	断面尺寸(mm)	±30	尺量:检查1~2个断面	2
4	结构高度(mm)	±30	尺量:检查8~10处	1
5	顶面高程 (mm)	±20	水准仪:测量8~10处	2
6	大面积平整度(mm)	8	2m直尺:检查两个垂直方向，每20m^2测1处	1

3　外观鉴定

同本标准第8.5.9条3规定。

8.6 墩、台身和盖梁

8.6.1 混凝土墩、台身

1 基本要求

1）混凝土所用的水泥、砂、石、水、外掺剂及混合材料的质量和规格，必须符合有关技术规范的要求，按规定的配合比施工。

2）不得出现空洞和露筋现象。

2 实测项目

见表 8.6.1-1 及表 8.6.1-2。

表 8.6.1-1 墩、台身实测项目

项 次	检 查 项 目	规定值或允许偏差	检查方法和频率	权 值
1△	混凝土强度(MPa)	在合格标准内	按附录 D 检查	3
2	断面尺寸(mm)	±20	尺量：检查 3 个断面	2
3	竖直度或斜度(mm)	0.3%H 且不大于 20	吊垂线或经纬仪：测量 2 点	2
4	顶面高程(mm)	±10	水准仪：测量 3 处	2
5△	轴线偏位(mm)	10	全站仪或经纬仪：纵、横各测量 2 点	2
6	节段间错台(mm)	5	尺量：每节检查 4 处	1
7	大面积平整度(mm)	5	2m 直尺：检查竖直、水平两个方向，每 20 m^2 测 1 处	1
8	预埋件位置(mm)	符合设计规定，设计未规定时：10	尺量：每件	1

注：H 为墩、台身高度。

表 8.6.1-2 柱或双壁墩身实测项目

项 次	检 查 项 目	规定值或允许偏差	检查方法和频率	权 值
1△	混凝土强度(MPa)	在合格标准内	按附录 D 检查	3
2	相邻间距(mm)	±20	尺或全站仪测量：检查顶、中、底 3 处	1
3	竖直度(mm)	0.3%H 且不大于 20	吊垂线或经纬仪：测量 2 点	2
4	柱(墩)顶高程(mm)	±10	水准仪：测量 3 处	2
5△	轴线偏位(mm)	10	全站仪或经纬仪：纵、横各测量 2 点	2
6	断面尺寸(mm)	±15	尺量：检查 3 个断面	1
7	节段间错台(mm)	3	尺量：每节检查 2～4 处	1

注：H 为墩身或柱高度。

3 外观鉴定

1）混凝土表面平整，施工缝平顺，棱角线平直，外露面色泽一致。不符合要求时减 1～3 分。

2）蜂窝、麻面面积不得超过该面面积的 0.5%。不符合要求时，每超过 0.5%减 3 分；深度超过 10mm 的必须处理。

3）混凝土表面出现非受力裂缝时减1~3分,裂缝宽度超过设计规定或设计未规定时超过0.15mm必须处理。

4）施工临时预埋件或其他临时设施未清除处理时减1~2分。

8.6.2　墩、台身安装

1　基本要求

1）墩、台身预制件必须经检验合格后,方可进行安装。

2）预制节段胶结材料的性能、质量必须符合设计要求,接缝填充密实。

3）墩、台柱埋入基座坑内的深度和砌块墩、台埋置深度,必须符合设计规定。

2　实测项目

见表8.6.2。

表8.6.2　墩、台身安装实测项目

项　次	检查项目	规定值或允许偏差	检查方法和频率	权　值
1Δ	轴线偏位(mm)	10	全站仪或经纬仪:纵、横各测量2点	3
2	顶面高程(mm)	±10	水准仪:检查4~8处	2
3	倾斜度(mm)	0.3%墩、台高,且不大于20	吊垂线:检查4~8处	2
4	相邻墩、台柱间距(mm)	±15	尺量或全站仪:检查3处	1
5	节段间错台(mm)	3	尺量:每节检查2~4处	1

3　外观鉴定

墩、台表面应平整,接缝饱满无空洞、均匀整齐。不符合要求时减1~3分。

8.6.3　墩、台帽或盖梁

1　基本要求

1）混凝土所用的水泥、砂、石、水、外掺剂及混合材料的质量和规格,必须符合有关技术规范的要求,按规定的配合比施工。

2）不得出现露筋和空洞现象。

2　实测项目

见表8.6.3。

表8.6.3　墩、台帽或盖梁实测项目

项　次	检 查 项 目	规定值或允许偏差	检查方法和频率	权　值
1Δ	混凝土强度(MPa)	在合格标准内	按附录D检查	3
2	断面尺寸(mm)	±20	尺量:检查3个断面	2
3Δ	轴线偏位(mm)	10	全站仪或经纬仪:纵、横各测量2点	2
4Δ	顶面高程(mm)	±10	水准仪:检查3~5点	2
5	支座垫石预留位置(mm)	10	尺量:每个	1

3　外观鉴定

1）混凝土表面平整、光洁,棱角线平直。不符合要求时减1~3分。

2）墩、台帽和盖梁如出现蜂窝、麻面，必须进行修整，并减 1～4 分。

3）墩、台帽和盖梁出现非受力裂缝时减 1～3 分，裂缝宽度超过设计规定或设计未规定时超过 0.15mm 必须处理。

8.6.4 拱桥组合桥台

1 基本要求

1）地基强度必须满足设计要求。

2）组合桥台的各个组成部分，其接触面必须密贴。

3）阻滑板不得断裂。

4）必须对组合桥台的位移、沉降、转动及各部分是否紧贴进行观测，提供观测数据。

5）拱桥台背填土必须在承受拱圈水平推力以前完成，并应控制填土进度，防止桥台出现过大的变位。

2 实测项目

除按有关各节评定各组成部分自身的质量外，还需按本条评定其组合性能，见表 8.6.4。

表 8.6.4 拱桥组合桥台实测项目

项次	检查项目	规定值或允许偏差	检查方法和频率	权值
1	架设拱圈前，台后沉降完成量	设计值的 85%以上	水准仪：测量台后上、下游两侧填土后至架设拱圈前高程差	2
2	台身后倾率	1/250	吊垂线：检查沉降缝分离值推算	2
3Δ	架设拱圈前，台后填土完成量	90%以上	按填土状况推算：每台	3
4Δ	拱建成后桥台水平位移	在设计允许值内	全站仪或经纬仪：检查预埋测点，每台	3

3 外观鉴定

1）各组成部分接触面不平整者，减 3～5 分。

2）各组成部分接近桥面的顶面如因沉降不同而有错台时减 3～5 分，错台大时必须整修。

8.6.5 台背填土

1 基本要求

1）台背填土应采用透水性材料或设计规定的填料，严禁采用腐殖土、盐渍土、淤泥、白垩土、硅藻土和冻土块。填料中不应含有机物、冰块、草皮、树根等杂物及生活垃圾。

2）必须分层填筑压实，每层表面平整，路拱合适。

3）台身强度达到设计强度的 75%以上时，方可进行填土。

4）拱桥台背填土必须在承受拱圈水平推力以前完成。

5）台背填土的长度，不得小于规范规定，即台身顶面处不小于桥台高度加 2m，底面不小于 2m；拱桥台背填土长度不应小于台高的 3～4 倍。

2 实测项目

除台背填土压实度见表 8.6.5 外，其余按路基要求进行评定。

表 8.6.5　台背填土实测项目

<table>
<tr><th>项　次</th><th>实 测 项 目</th><th colspan="3">规定值或允许偏差</th><th>检查方法和频率</th><th>权　值</th></tr>
<tr><td rowspan="2">1△</td><td rowspan="2">压实度(%)</td><td>高速、一级公路</td><td>二级公路</td><td>三、四级公路</td><td rowspan="2">按附录 B 检查,每 50m² 每压实层至少检查 1 点</td><td rowspan="2">1</td></tr>
<tr><td>96</td><td>95</td><td>94</td></tr>
</table>

3　外观鉴定

1）填土表面平整,边线直顺。不符合要求时,减 1～3 分。

2）边坡坡面平顺稳定,不得亏坡,曲线圆滑。不符合要求时,减 1～5 分。

8.7　梁桥

8.7.1　预制和安装梁(板)

1　基本要求

1）所用的水泥、砂、石、水、外掺剂及混合材料的质量和规格必须符合有关规范的要求,按规定的配合比施工。

2）梁(板)不得出现露筋和空洞现象。

3）空心板采用胶囊施工时,应采取有效措施防止胶囊上浮。

4）梁(板)在吊移出预制底座时,混凝土的强度不得低于设计所要求的吊装强度;梁(板)在安装时,支承结构(墩台、盖梁、垫石)的强度应符合设计要求。

5）梁(板)安装前,墩、台支座垫板必须稳固。

6）梁(板)就位后,梁两端支座应对位,梁(板)底与支座以及支座底与垫石顶须密贴,否则应重新安装。

7）两梁(板)之间接缝填充材料的规格和强度应符合设计要求。

2　实测项目

见表 8.7.1-1 和表 8.7.1-2。

表 8.7.1-1　梁(板)预制实测项目

<table>
<tr><th>项　次</th><th colspan="3">检 查 项 目</th><th>规定值或允许偏差</th><th>检查方法和频率</th><th>权　值</th></tr>
<tr><td>1△</td><td colspan="3">混凝土强度(MPa)</td><td>在合格标准内</td><td>按附录 D 检查</td><td>3</td></tr>
<tr><td>2</td><td colspan="3">梁(板)长度(mm)</td><td>+5, −10</td><td>尺量:每梁(板)</td><td>1</td></tr>
<tr><td rowspan="4">3</td><td rowspan="4">宽度(mm)</td><td colspan="2">干接缝(梁翼缘、板)</td><td>±10</td><td rowspan="4">尺量:检查 3 处</td><td rowspan="4">1</td></tr>
<tr><td colspan="2">湿接缝(梁翼缘、板)</td><td>±20</td></tr>
<tr><td rowspan="2">箱梁</td><td>顶宽</td><td>±30</td></tr>
<tr><td>底宽</td><td>±20</td></tr>
<tr><td rowspan="2">4△</td><td rowspan="2">高度(mm)</td><td colspan="2">梁、板</td><td>±5</td><td rowspan="2">尺量:检查 2 个断面</td><td rowspan="2">1</td></tr>
<tr><td colspan="2">箱梁</td><td>+0, −5</td></tr>
<tr><td rowspan="3">5△</td><td rowspan="3">断面尺寸(mm)</td><td colspan="2">顶板厚</td><td rowspan="3">+5, −0</td><td rowspan="3">尺量:检查 2 个断面</td><td rowspan="3">2</td></tr>
<tr><td colspan="2">底板厚</td></tr>
<tr><td colspan="2">腹板或梁肋</td></tr>
<tr><td>6</td><td colspan="3">平整度(mm)</td><td>5</td><td>2m 直尺:每侧面每 10m 梁长测 1 处</td><td>1</td></tr>
<tr><td>7</td><td colspan="3">横系梁及预埋件位置(mm)</td><td>5</td><td>尺量:每件</td><td>1</td></tr>
</table>

表 8.7.1-2　梁(板)安装实测项目

项　次	检 查 项 目		规定值或允许偏差	检查方法和频率	权　值
1Δ	支承中心偏位(mm)	梁	5	尺量:每孔抽查 4~6 个支座	3
		板	10		
2	倾斜度(%)		1.2	吊垂线:每孔检查 3 片梁	2
3	梁(板)顶面纵向高程(mm)		+8,-5	水准仪:抽查每孔 2 片,每片 3 点	2
4	相邻梁(板)顶面高差(mm)		8	尺量:每相邻梁(板)	1

3　外观鉴定

1）混凝土表面平整,颜色一致,无明显施工接缝。不符合要求时减 1~3 分。

2）混凝土表面不得出现蜂窝、麻面,如出现必须修整,并减 1~2 分。

3）混凝土表面出现非受力裂缝,减 1~3 分。裂缝宽度超过设计规定或设计未规定时超过 0.15mm 必须处理。

4）封锚混凝土应密实、平整。不符合要求时减 2~4 分。

5）梁、板的填缝应平整密实。不符合要求时减 1~3 分。

6）梁体内不应遗留建筑垃圾、杂物、临时预埋件等。不符合要求时减 1~2 分,并应清理干净。

8.7.2　就地浇筑梁(板)

1　基本要求

1）所用的水泥、砂、石、水、外掺剂及混合材料的质量和规格必须符合有关规范要求,按规定的配合比施工。

2）支架和模板的强度、刚度、稳定性应满足施工技术规范的要求。

3）预计的支架变形及地基的下沉量应满足施工后梁体设计标高的要求,必要时应采取对支架预压的措施。

4）梁(板)体不得出现露筋和空洞现象。

5）预埋件的设置和固定应满足设计和施工技术规范的规定。

2　实测项目

见表 8.7.2。

表 8.7.2　就地浇筑梁(板)实测项目

项　次	检 查 项 目		规定值或允许偏差	检查方法和频率	权　值
1Δ	混凝土强度(MPa)		在合格标准内	按附录 D 检查	3
2Δ	轴线偏位(mm)		10	全站仪或经纬仪:测量 3 处	2
3	梁(板)顶面高程(mm)		±10	水准仪:检查 3~5 处	1
4Δ	断面尺寸(mm)	高度	+5,-10	尺量:每跨检查 1~3 个断面	2
		顶宽	±30		
		箱梁底宽	±20		
		顶、底、腹板或梁肋厚	+10,-0		

续上表

项　次	检 查 项 目	规定值或允许偏差	检查方法和频率	权　值
5	长度(mm)	+5，-10	尺量：每梁(板)	1
6	横坡(%)	±0.15	水准仪：每跨检查1~3处	1
7	平整度(mm)	8	2m直尺：每侧面每10m梁长测一处	1

3　外观鉴定

1）混凝土表面平整，颜色一致，无明显施工接缝。不符合要求时每处减1~3分。

2）混凝土不得出现蜂窝、麻面，如出现必须修整，并减1~2分。

3）混凝土表面出现非受力裂缝，减1~3分，裂缝宽度超过设计规定或设计未规定时超过0.15mm必须处理。

4）封锚混凝土应密实、平整。不符合要求时减2~4分。

5）梁体内的建筑垃圾、杂物、临时预埋件等应清理干净。不符合要求时减1~3分。

8.7.3　顶推施工梁

1　基本要求

1）台座和滑道组的中线必须在桥轴线或其延长线上。

2）导梁应在地面试装后，再在台座上安装，导梁与梁身必须牢固连接。

3）千斤顶及其他顶推设备在施工前应仔细检查校正，多点顶推必须确保同步。

4）顶推过程中，要设专人观测墩台沉降、墩台位移及梁的偏位、导梁和梁挠度等资料，提供观测数据。

5）顶推及落梁程序正确。若梁体出现裂缝，应查明原因，在采取措施后，方可继续顶推。

2　实测项目

见表8.7.3。

表8.7.3　顶推施工梁实测项目

项　次	检 查 项 目		规定值或允许偏差	检查方法和频率	权　值
1	轴线偏位(mm)		10	全站仪或经纬仪：每段检查2处	2
2Δ	落梁反力		符合设计规定；设计未规定时不大于1.1倍的设计反力	用千斤顶油压计算：检查全部	3
3Δ	支点高差(mm)	相邻纵向支点	符合设计规定；设计未规定时不大于5	水准仪：检查全部	3
		同墩两侧支点	符合设计规定；设计未规定时不大于2		

3　外观鉴定

各梁段连接线形平顺，接缝平整、密实，颜色一致。不符合要求时减1~3分。

8.7.4 悬臂施工梁

1 基本要求

1）悬臂浇筑或合龙段浇筑所用的砂、石、水泥、水、外掺剂及混合材料的质量和规格必须符合有关规范要求，按规定的配合比施工。

2）悬拼或悬浇块件前，必须对桥墩根部（0号块件）的高程、桥轴线作详细复核，符合设计要求后，方可进行悬拼或悬浇。

3）悬臂施工必须对称进行，应对轴线和高程进行施工控制。

4）在施工过程中，梁体不得出现宽度超过设计和规范规定的受力裂缝。一旦出现，必须查明原因，经过处理后方可继续施工。

5）必须确保悬浇或悬拼的接头质量，梁段间胶结材料的性能、质量必须符合设计要求，接缝填充密实。

6）悬臂合龙时，两侧梁体的高差应在设计允许范围内。

2 实测项目

见表8.7.4-1和表8.7.4-2。

表8.7.4-1 悬臂浇筑梁实测项目

<table>
<tr><th>项 次</th><th colspan="2">检 查 项 目</th><th>规定值或允许偏差</th><th>检查方法和频率</th><th>权 值</th></tr>
<tr><td>1Δ</td><td colspan="2">混凝土强度（MPa）</td><td>在合格标准内</td><td>按附录D检查</td><td>3</td></tr>
<tr><td rowspan="2">2Δ</td><td rowspan="2">轴线偏位（mm）</td><td>L≤100m</td><td>10</td><td rowspan="2">全站仪或经纬仪：每个节段检查2处</td><td rowspan="2">2</td></tr>
<tr><td>L＞100m</td><td>L/10000</td></tr>
<tr><td rowspan="3">3</td><td rowspan="3">顶面高程（mm）</td><td>L≤100m</td><td>±20</td><td rowspan="2">水准仪：每个节段检查2处</td><td rowspan="2">2</td></tr>
<tr><td>L＞100m</td><td>±L/5000</td></tr>
<tr><td>相邻节段高差</td><td>10</td><td>尺量：检查3~5处</td><td>1</td></tr>
<tr><td rowspan="4">4Δ</td><td rowspan="4">断面尺寸（mm）</td><td>高度</td><td>+5，-10</td><td rowspan="4">尺量：每个节段检查1个断面</td><td rowspan="4">2</td></tr>
<tr><td>顶宽</td><td>±30</td></tr>
<tr><td>底宽</td><td>±20</td></tr>
<tr><td>顶底腹板厚</td><td>+10，-0</td></tr>
<tr><td rowspan="2">5</td><td rowspan="2">合龙后同跨对称点高程差（mm）</td><td>L≤100m</td><td>20</td><td rowspan="2">水准仪：每跨检查5~7处</td><td rowspan="2">1</td></tr>
<tr><td>L＞100m</td><td>L/5000</td></tr>
<tr><td>6</td><td>横坡（%）</td><td colspan="2">±0.15</td><td>水准仪：每节段检查1~2处</td><td>1</td></tr>
<tr><td>7</td><td>平整度（mm）</td><td colspan="2">8</td><td>2m直尺：检查竖直、水平两个方向，每侧面每10m梁长测1处</td><td>1</td></tr>
</table>

注：L为梁跨径。

3 外观鉴定

1）线形平顺，梁顶面平整，各孔无明显折变。不符合要求时减1~3分。

2）相邻块件颜色一致，接缝平整密实，无明显错台。每孔出现两处及以上明显错台

(≥3mm)时,减 2 分。

表 8.7.4-2　悬臂拼装梁实测项目

<table>
<tr><th>项　次</th><th colspan="2">检 查 项 目</th><th>规定值或允许偏差</th><th>检查方法和频率</th><th>权　值</th></tr>
<tr><td>1Δ</td><td colspan="2">合龙段混凝土强度(MPa)</td><td>在合格标准内</td><td>按附录 D 检查</td><td>3</td></tr>
<tr><td rowspan="2">2Δ</td><td rowspan="2">轴线偏位(mm)</td><td>L≤100m</td><td>10</td><td rowspan="2">全站仪或经纬仪:每个节段检查 2 处</td><td rowspan="2">2</td></tr>
<tr><td>L>100m</td><td>L/10000</td></tr>
<tr><td rowspan="3">3</td><td rowspan="3">顶面高程(mm)</td><td>L≤100m</td><td>±20</td><td rowspan="2">水准仪:每个节段检查 2 处</td><td rowspan="3">2</td></tr>
<tr><td>L>100m</td><td>±L/5000</td></tr>
<tr><td>相邻节段高差</td><td>10</td><td>尺量:检查 3~5 处</td></tr>
<tr><td rowspan="2">4</td><td rowspan="2">合龙后同跨对称点高程差(mm)</td><td>L≤100m</td><td>20</td><td rowspan="2">水准仪:每跨检查 5~7 处</td><td rowspan="2">1</td></tr>
<tr><td>L>100m</td><td>L/5000</td></tr>
</table>

注:①L 为梁跨径。

②非合龙段项次 1 不参与评定。

3) 混凝土表面不得出现蜂窝、麻面,如出现必须进行修整,并减 1~3 分。

4) 梁体出现非受力裂缝,减 1~3 分。裂缝宽度超过设计规定或设计未规定时超过 0.15mm 必须处理。

5) 梁体内外不应遗留建筑垃圾、杂物、临时预埋件等。不符合要求时减 1~2 分,并应清理干净。

8.7.5　转体施工梁

1　基本要求

1) 转动设施和锚固体系必须经过严格检查,安全可靠。

2) 采用双侧对称同步转体施工时,必须设位控体系,严格控制两侧同步,使误差控制在设计允许的范围内。

3) 上部构造在转体施工中,若出现裂缝,应查明原因,采取措施后方可继续转体施工。

4) 合龙段两侧高差必须在设计规定的允许范围内。

2　实测项目

见表 8.7.5。

表 8.7.5　转体施工梁实测项目

项　次	检 查 项 目	规定值或允许偏差	检查方法和频率	权　值
1Δ	封闭转盘和合龙段混凝土强度(MPa)	在合格标准内	按附录 D 检查	3
Δ2	轴线偏位(mm)	跨径/10000	全站仪或经纬仪:检查 5 处	2
3	跨中梁顶面高程(mm)	±20	水准仪:检查 2 个断面,每断面 3 处	2
4	同一横断面两侧或相邻上部构件高差(mm)	10	水准仪:检查 4 个断面	1

3 外观鉴定

1）合龙段混凝土平整密实，颜色一致。不符合要求时减 1～3 分。

2）梁体内外不应遗留建筑垃圾、杂物、临时预埋件等。不符合要求时减 1～3 分，并应清理干净。

8.8 拱桥

8.8.1 就地浇筑拱圈

1 基本要求

1）混凝土所用的水泥、砂、石、水和外掺剂的质量和规格必须符合有关规范的要求，按规定的配合比施工。

2）支架式拱架必须严格按照施工技术规范的要求进行制作，必须牢固稳定。

3）严格按照设计规定的施工顺序浇筑拱圈混凝土。

4）拱架的卸落必须按照设计和有关规范规定的卸架顺序进行。

5）不得出现露筋和空洞现象。

2 实测项目

见表 8.8.1。

表 8.8.1 就地浇筑拱圈实测项目

项次	检查项目		规定值或允许偏差	检查方法和频率	权值
1Δ	混凝土强度(MPa)		在合格标准内	按附录 D 检查	3
2	轴线偏位(mm)	板拱	10	经纬仪:测量 5 处	1
		肋拱	5		
3Δ	内弧线偏离设计弧线(mm)	跨径≤30m	±20	水准仪:检查 5 处	2
		跨径＞30m	±跨径/1500		
4Δ	断面尺寸(mm)	高度	±5	尺量:拱脚、*L*/4,拱顶 5 个断面	2
		顶、底、腹板厚	+10，-0		
5	拱宽(mm)	板拱	±20	尺量:拱脚、*L*/4、拱顶 5 个断面	1
		肋拱	±10		
6	拱肋间距(mm)		5	尺量:检查 5 处	1

3 外观鉴定

1）混凝土表面平整，线形圆顺，颜色一致。不符合要求时减 1～3 分。

2）混凝土麻面面积不得超过该面积的 0.5%。不符合要求时，每超过 0.5%减 3 分，深度超过 10mm 的必须处理。

3）混凝土表面出现非受力裂缝减 1～3 分。裂缝宽度超过设计规定或设计未规定时超过 0.15mm 必须进行处理。

8.8.2 拱圈节段的预制

1　基本要求

1）混凝土所用的水泥、砂、石、水和外掺剂的质量和规格必须符合有关规范的规定，按照规定的配合比施工。

2）不得出现露筋和空洞现象。

2　实测项目

见表8.8.2-1及表8.8.2-2。

表8.8.2-1　预制拱圈节段实测项目

项　次	检 查 项 目		规定值或允许偏差	检查方法和频率	权　值
1△	混凝土强度(MPa)		在合格标准内	按附录D检查	3
2	每段拱箱内弧长(mm)		+0，-10	尺量:每段	1
3△	内弧偏离设计弧线(mm)		±5	样板:每段测1~3点	2
4△	断面尺寸(mm)	顶底腹板厚	+10，-0	尺量:检查2处	2
		宽度及高度	+10，-5		
5	平面度(mm)	肋拱	5	拉线用尺量:每段测1~3点	1
		箱拱	10		
6	拱箱接头倾斜(mm)		±5	角尺:每接头	1
7	预埋件位置(mm)	肋拱	5	尺量:每件	1
		箱拱	10		

表8.8.2-2　桁架拱杆件预制实测项目

项　次	检 查 项 目	规定值或允许偏差	检查方法和频率	权　值
1△	混凝土强度(MPa)	在合格标准内	按附录D检查	3
2△	断面尺寸(mm)	±5	尺量:检查2处	2
3	杆件长度(mm)	±10	尺量:检查2处	1
4	杆件旁弯(mm)	5	拉线用尺量:每件	1
5	预埋件位置(mm)	5	尺量:每件	1

注:若成批生产，每批抽查25%。

3　外观鉴定

同本标准第8.8.1条3。

8.8.3　拱的安装

1　基本要求

1）拱桥安装必须严格按设计规定的程序进行施工。

2）拱段接头采用现浇混凝土时，必须确保其强度和质量，并在达到设计规定强度后，方可进行拱上建筑的施工。

3）安装过程中，如杆件或节点出现开裂，应查明原因，采取措施后方可继续进行。

4）合龙段两侧高差必须在设计规定的允许范围内。

2　实测项目

见表 8.8.3-1 至表 8.8.3-3。

表 8.8.3-1　主拱圈安装实测项目

<table>
<tr><th>项　次</th><th colspan="2">检 查 项 目</th><th colspan="3">规定值或允许偏差</th><th>检查方法和频率</th><th>权　值</th></tr>
<tr><td rowspan="2">1Δ</td><td rowspan="2">轴线偏位(mm)</td><td>$L \leqslant 60$m</td><td colspan="3">10</td><td rowspan="2">经纬仪:检查 5 处</td><td rowspan="2">2</td></tr>
<tr><td>$L > 60$m</td><td colspan="3">$L/6000$</td></tr>
<tr><td rowspan="2">2Δ</td><td rowspan="2">拱圈高程(mm)</td><td>$L \leqslant 60$m</td><td colspan="3">± 20</td><td rowspan="2">水准仪:检查 5 ~ 7 点</td><td rowspan="2">3</td></tr>
<tr><td>$L > 60$m</td><td colspan="3">± $L/3000$</td></tr>
<tr><td rowspan="3">3Δ</td><td colspan="2" rowspan="3">对称接头点相对高差(mm)</td><td rowspan="2">允许</td><td>$L \leqslant 60$m</td><td>20</td><td rowspan="3">水准仪:检查每段</td><td rowspan="3">2</td></tr>
<tr><td>$L > 60$m</td><td>$L/3000$</td></tr>
<tr><td>极值</td><td colspan="2">允许偏差的 2 倍,且反向</td></tr>
<tr><td rowspan="2">4</td><td colspan="2" rowspan="2">同跨各拱肋相对高差(mm)</td><td colspan="2">$L \leqslant 60$m</td><td>20</td><td rowspan="2">水准仪:检查 5 处</td><td rowspan="2">1</td></tr>
<tr><td colspan="2">$L > 60$m</td><td>$L/3000$</td></tr>
<tr><td>5</td><td colspan="2">同跨各拱肋间距(mm)</td><td colspan="3">30</td><td>尺量:检查 5 处</td><td>1</td></tr>
</table>

注:①正拱斜置时,项次 3 为两对称接头点(实际高程 – 设计高程)之差。

②L 为跨径。

表 8.8.3-2　悬臂拼装的桁架拱实测项目

<table>
<tr><th>项　次</th><th colspan="2">检 查 项 目</th><th colspan="3">规定值或允许偏差</th><th>检查方法和频率</th><th>权　值</th></tr>
<tr><td>1Δ</td><td colspan="2">节点混凝土强度(MPa)</td><td colspan="3">在合格标准内</td><td>按附录 D 检查</td><td>3</td></tr>
<tr><td rowspan="2">2Δ</td><td rowspan="2">轴线偏位(mm)</td><td>$L \leqslant 60$m</td><td colspan="3">10</td><td rowspan="2">经纬仪:每跨检查 5 处</td><td rowspan="2">2</td></tr>
<tr><td>$L > 60$m</td><td colspan="3">$L/6000$</td></tr>
<tr><td rowspan="2">3Δ</td><td rowspan="2">拱圈高程(mm)</td><td>$L \leqslant 60$m</td><td colspan="3">± 20</td><td rowspan="2">水准仪:每肋每跨检查 5 处</td><td rowspan="2">2</td></tr>
<tr><td>$L > 60$m</td><td colspan="3">± $L/3000$</td></tr>
<tr><td>4</td><td colspan="2">相邻拱片高差(mm)</td><td colspan="3">20</td><td>水准仪:每跨检查 5 处</td><td>1</td></tr>
<tr><td rowspan="3">5Δ</td><td colspan="2" rowspan="3">对称点相对高差(mm)</td><td rowspan="2">允许</td><td>$L \leqslant 60$m</td><td>20</td><td rowspan="3">水准仪:每跨检查 5 处</td><td rowspan="3">2</td></tr>
<tr><td>$L > 60$m</td><td>$L/3000$</td></tr>
<tr><td>极值</td><td colspan="2">允许偏差的 2 倍,且反向</td></tr>
<tr><td>6</td><td colspan="2">拱片竖向垂直度(mm)</td><td colspan="3">1/300 高度,且不大于 20</td><td>吊垂线:每片检查 2 处</td><td>1</td></tr>
</table>

注:L 为跨径。

表 8.8.3-3　腹拱安装实测项目

项　次	检 查 项 目	规定值或允许偏差	检查方法和频率	权　值
1	轴线偏位(mm)	10	经纬仪:纵、横各检查 2 处	1
2	起拱线高程(mm)	± 20	水准仪:每起拱线测 2 点	2
3	相邻块件高差(mm)	5	尺量:每相邻块件检查 1 ~ 3 处	2

3　外观鉴定

1）接头处无因焊接或局部受力造成的混凝土开裂、缺损或露筋现象。不符合要求时减3~5分,并进行整修。

2）接头垫塞楔形钢板应均匀合理。不符合要求时减1~3分。

3）节点应平整,接头两侧的杆件应无错台。不符合要求时减1~3分。

4）上下弦杆线形顺畅,表面平整。不符合要求时减1~3分。

8.8.4　转体施工拱

1　基本要求

1）转动设施和锚固体系必须经过严格检查,安全可靠。

2）采用双侧对称同步转体施工时,必须设位控制系,严格控制两侧同步,使误差控制在设计允许的范围内。

3）上部构造在转体施工中,如出现裂缝,应查明原因,采取措施后方可继续转体施工。

2　实测项目

见表8.8.4。

表8.8.4　转体施工拱实测项目

项　次	检 查 项 目	规定值或允许偏差	检查方法和频率	权　值
1Δ	封闭转盘和合龙段混凝土强度(MPa)	在合格标准内	按附录D检查	3
2	轴线偏位(mm)	跨径/6000	经纬仪:检查5处	2
3Δ	跨中拱顶面高程(mm)	±20	水准仪:检查拱顶2~4处	2
4	同一横截面两侧或相邻上部构件高差(mm)	10	水准仪:检查5处	2

3　外观鉴定

合龙段混凝土平整密实,颜色一致,无蜂窝、麻面。不符合要求时减1~3分。

8.8.5　劲性骨架混凝土拱

1　基本要求

1）混凝土所用的水泥、砂、石、水和外掺剂的质量和规格必须符合有关规范的规定,按照规定的配合比施工。

2）骨架应按设计要求的钢种、型号及线形精心加工,骨架接头在吊装以前应进行试拼,以便吊装后骨架迅速成拱。

3）杆件在施工中,如出现开裂或局部构件失稳,应查明原因,采取措施后方可继续施工。

4）吊装骨架应平衡下落,减少骨架变形。浇筑前应校核骨架,进行必要的调整。

5）按设计规定的顺序,分层、对称地浇筑混凝土,无空洞和露筋现象,并严格按设计要求,采取措施以保证骨架的稳定。

6）浇筑混凝土过程中应进行观测,严格控制轴线,累积误差应在允许范围内。

2　实测项目

见表 8.8.5-1 至表 8.8.5-3。

表 8.8.5-1 劲性骨架加工实测项目

项次	检查项目	规定值或允许偏差	检查方法和频率	权值
1	杆件截面尺寸(mm)	不小于设计	尺量:每段 2 端面	2
2	骨架高、宽(mm)	±10	尺量:每段 3~5 断面	2
3△	内弧偏离设计弧线(mm)	10	样板:每段测 1~3 点	3
4	每段的弧长(mm)	+10,-10	尺量:每段检查	2
5△	焊缝	符合设计要求	超声:检查全部	3

表 8.8.5-2 劲性骨架安装实测项目

项次	检查项目		规定值或允许偏差	检查方法和频率	权值
1	轴线偏位(mm)		$L/6000$	经纬仪:每肋检查 5 处	1
2△	高程(mm)		$\pm L/3000$	水准仪:检查拱顶、拱脚及各接头点	2
3△	对称点相对高差(mm)	允许	$L/3000$	水准仪:检查各接头点	2
		极值	$L/1500$,且反向		
4△	焊缝		符合设计要求	超声:检查全部	2

注:L 为跨径。

表 8.8.5-3 劲性骨架拱混凝土浇筑实测项目

项次	检查项目		规定值或允许偏差		检查方法和频率	权值
1△	混凝土强度(MPa)		在合格标准内		按附录 D 检查	3
2	轴线偏位(mm)		$L \leq 60m$	10	经纬仪:每肋检查 5 点	1
			$L = 200m$	50		
			$L > 200m$	$L/4000$		
3△	拱圈高程(mm)		$\pm L/3000$		水准仪:测量 5 处	2
4△	对称点相对高差(mm)	允许	$L/3000$		水准仪:测量 5 处	2
		极值	$L/1500$,且反向			
5△	断面尺寸(mm)		±10		尺量:检查 5 处	2

注:①L 为跨径。

②L 在 60~200m 间时,轴线偏位允许偏差内插。

3 外观鉴定

1) 骨架曲线圆滑,无折弯。不符合要求时减 2~4 分。

2) 焊缝外形均匀,成形良好,焊渣和飞溅物清除干净。不符合要求时每处减 0.5~1 分。

3) 混凝土表面平整密实,颜色一致,轮廓线圆顺。不符合要求时减 1~3 分。

4) 蜂窝、麻面面积不得超过该面面积的 0.5%。不符合要求时,每超过 0.5%减 3 分;深度超过 10mm 的必须处理。

8.8.6 钢管混凝土拱

1　基本要求

1）钢管拱肋使用的钢材和焊接材料应符合规范和设计要求。

2）钢管拱肋的焊接应按施工规范有关规定进行焊接工艺评定，施焊人员必须具有相应的焊接资格证和上岗证。

3）钢管拱肋元件合格后方可组焊，钢管拱肋节段合格后方可安装。

4）同一部位的焊缝返修不能超过两次，返修后的焊缝应按原质量标准进行复验，并且合格。

5）钢管拱在安装过程中，必须加强横向稳定措施，扣挂系统应符合设计和规范要求。

6）管内混凝土应采用泵送顶升压注施工，由拱脚至拱顶对称均衡地一次压注完成。

7）钢管混凝土应具有低泡、大流动、收缩补偿、延后初凝的性能。管内混凝土的浇筑应严格按设计要求进行，并对混凝土的质量进行检测。

8）钢管的防护应符合设计要求。

2　实测项目

见表 8.8.6-1 至表 8.8.6-3。

表 8.8.6-1　钢管拱肋制作实测项目

项　次	检 查 项 目	规定值或允许偏差	检查方法和频率	权　值
1Δ	钢管直径(mm)	± D/500 及 ± 5	尺量：每管检查 1～3 处	3
2	钢管中距(mm)	± 5	尺量：每段检查 2～3 处	1
3Δ	内弧偏离设计弧线(mm)	8	样板：每段测 1～3 点	2
4	拱肋内弧长(mm)	+0，-10	尺量：每段检查	1
5Δ	节段对接错边(mm)	2	尺量：检查各对接断面	2
6	节段平面度(mm)	3	拉线测量：每段检查 1 处	1
7	竖杆节间长度(mm)	± 2	尺量：检查每个节间	1
8Δ	焊缝尺寸	符合设计要求	量规：检查全部	2
	焊缝探伤		超声：检查全部； 射线：按设计规定，设计未规定时按 5% 抽查	3

注：*D* 为钢管直径。

表 8.8.6-2　钢管拱肋安装实测项目

项　次	检 查 项 目		规定值或允许偏差	检查方法和频率	权　值
1	轴线偏位(mm)		L/6000	经纬仪：检查 5 处	1
2Δ	拱圈高程(mm)		± L/3000	水准仪：检查 5 处	2
3Δ	对称点高差(mm)	允许	L/3000	水准仪：检查各接头点	2
		极值	L/1500，且反向		
4	拱肋接缝错边(mm)		0.2 壁厚，且≤2	尺量：每个接缝	2
5Δ	焊缝尺寸		符合设计要求	量规：检查全部	2
	焊缝探伤			超声：检查全部 射线：按设计规定，设计未规定时按 5% 抽查	3

注：*L* 为跨径。

8.8.6-3　钢管拱肋混凝土浇筑实测项目

<table>
<tr><th>项　次</th><th colspan="2">检 查 项 目</th><th colspan="2">规定值或允许偏差</th><th>检查方法和频率</th><th>权　值</th></tr>
<tr><td>1Δ</td><td colspan="2">混凝土强度(MPa)</td><td colspan="2">在合格标准内</td><td>按附录 D 检查</td><td>3</td></tr>
<tr><td rowspan="3">2</td><td colspan="2" rowspan="3">轴线偏位(mm)</td><td>$L \leqslant 60$m</td><td>10</td><td rowspan="3">经纬仪:检查 5 处</td><td rowspan="3">2</td></tr>
<tr><td>$L = 200$m</td><td>50</td></tr>
<tr><td>$L > 200$m</td><td>$L/4000$</td></tr>
<tr><td>3Δ</td><td colspan="2">拱圈高程(mm)</td><td colspan="2">$\pm L/3000$</td><td>水准仪:检查 5 处</td><td>2</td></tr>
<tr><td rowspan="2">4Δ</td><td rowspan="2">对称点高差
(mm)</td><td>允许</td><td colspan="2">$L/3000$</td><td rowspan="2">水准仪:检查各接头点</td><td rowspan="2">2</td></tr>
<tr><td>极值</td><td colspan="2">$L/1500$,且反向</td></tr>
</table>

注:①L 为跨径。

②L 在 60 ~ 200m 间时,轴线偏位允许偏差内插。

3　外观鉴定

1）线形圆顺,无折弯。不符合要求时减 2 ~ 4 分。

2）焊缝均不得有裂纹、未溶合、夹渣、未填满弧坑和焊瘤等缺陷,且焊缝外形均匀,成形良好,焊缝与焊缝之间、焊缝与金属之间过渡光滑,焊渣和飞溅物清除干净。不符合要求时必须重新整修,达到合格,并减 1 ~ 3 分。

3）浇筑混凝土的预留孔应焊接平整光滑,不突出与漏焊,不烧伤混凝土。不符合要求时减 1 ~ 3 分。

8.8.7　中下承式拱吊杆和柔性系杆

1　基本要求

1）吊杆、系杆及锚具的材料、规格和各项技术性能必须符合国家现行标准规定和设计要求。

2）锚垫板平面须与孔道轴线垂直。

3）吊杆、系杆防护必须符合设计和规范要求。

4）严格按设计规定程序进行施工。

2　实测项目

见表 8.8.7-1 和表 8.8.7-2。

表 8.8.7-1　吊杆的制作与安装实测项目

<table>
<tr><th>项　次</th><th colspan="2">检 查 项 目</th><th>规定值或允许偏差</th><th>检查方法和频率</th><th>权　值</th></tr>
<tr><td>1</td><td colspan="2">吊杆长度(mm)</td><td>$\pm 0.001L$ 及 ± 10</td><td>用钢尺量</td><td>1</td></tr>
<tr><td rowspan="2">2Δ</td><td rowspan="2">吊杆拉力</td><td>允许</td><td>符合设计要求</td><td rowspan="2">测力仪:每吊杆检查</td><td rowspan="2">3</td></tr>
<tr><td>极值</td><td>下承式拱吊杆拉力偏差 20%</td></tr>
<tr><td>3</td><td colspan="2">吊点位置(mm)</td><td>10</td><td>经纬仪:每吊点检查</td><td>1</td></tr>
<tr><td rowspan="2">4Δ</td><td rowspan="2">吊点高程
(mm)</td><td>高程</td><td>± 10</td><td rowspan="2">水准仪:每吊点检查</td><td rowspan="2">2</td></tr>
<tr><td>两侧高差</td><td>20</td></tr>
</table>

注:L 为吊杆长度。

表 8.8.7-2　柔性系杆实测项目

项　次	检 查 项 目	规定值或允许偏差	检查方法和频率	权　值
1△	张拉应力(MPa)	符合设计要求	查油压表读数:每根检查	3
2△	张拉伸长率(%)	符合设计规定,设计未规定时±6	尺量:每根检查	3

3　外观鉴定

1）吊杆、系杆顺直,无扭转现象。不符合要求时减 3~5 分。

2）防护层完好,无破损、污物。不符合要求时减 1~3 分,必要时应加以修整。

8.8.8　刚性系杆

刚性系杆混凝土构件按照本章第 8.7 节的有关规定评定,系杆张拉按照本节第 8.8.7 条评定。

8.9　钢桥

8.9.1　钢梁制作

1　基本要求

1）钢梁(梁段)采用的钢材和焊接材料的品种、规格、化学成分及力学性能必须符合设计和有关技术规范的要求,具有完整的出厂质量合格证明,并经制作厂家和监理工程师复检合格后方可使用。

2）钢梁(梁段)元件、临时吊点和养护车轨道吊点等的加工尺寸和钢梁(梁段)预拼装精度应符合设计和有关技术规范的要求,并经监理工程师分阶段检查验收签字认可后,方可进行下一道工序。

3）钢梁(梁段)制作前必须进行焊接工艺评定试验,评定结果应符合技术规范的要求并经监理工程师签字认可,并制订实施性焊接施工工艺。施焊人员必须具有相应的焊接资格证和上岗证。

4）同一部位的焊缝返修不能超过两次,返修后的焊缝应按原质量标准进行复验,并且合格。

5）高强螺栓连接摩擦面的抗滑移系数应进行检验,检验结果须符合设计要求。

6）钢梁梁段必须进行试组装,并按设计和有关技术规范要求进行验收。工地安装施工人员应参加试组装及验收。验收合格后填发梁段产品合格证,方可出厂安装。

7）钢梁(梁段)元件和钢梁(梁段)的存放,应防止变形、碰撞损伤和损坏漆面,不得采用变形元件。

8）排水设施、灯座、护栏、路缘石、栏杆柱预埋件和剪力键等均应按设计图纸安装完成,无遗漏且位置准确。

2　实测项目

见表 8.9.1-1 至表 8.9.1-3。

表 8.9.1-1 钢板梁制作实测项目

<table>
<tr><th>项 次</th><th colspan="3">检 查 项 目</th><th>规定值或允许偏差</th><th>检查方法和频率</th><th>权 值</th></tr>
<tr><td rowspan="4">1Δ</td><td rowspan="4">梁高
(mm)</td><td colspan="2">主梁≤2m</td><td>±2</td><td rowspan="4">尺量:检查两端腹板处高度</td><td rowspan="4">2</td></tr>
<tr><td colspan="2">主梁>2m</td><td>±4</td></tr>
<tr><td colspan="2">横梁</td><td>±1.5</td></tr>
<tr><td colspan="2">纵梁</td><td>±1.0</td></tr>
<tr><td>2</td><td colspan="3">跨度(mm)</td><td>±8</td><td>全站仪或尺量:测量两支座中心距离</td><td>1</td></tr>
<tr><td rowspan="3">3</td><td rowspan="3">梁长
(mm)</td><td colspan="2">全长</td><td>±15</td><td>全站仪或钢尺量:中心线处</td><td>1</td></tr>
<tr><td colspan="2">纵梁</td><td>+0.5,-1.5</td><td rowspan="2">尺量:检查两端角钢背与背之间的距离</td><td rowspan="2">1</td></tr>
<tr><td colspan="2">横梁</td><td>±1.5</td></tr>
<tr><td>4</td><td colspan="3">纵、横梁旁弯(mm)</td><td>3</td><td>梁立置时在腹板一侧距主焊缝100mm处拉线测量:检查中部1处</td><td>1</td></tr>
<tr><td rowspan="3">5</td><td rowspan="3">拱度
(mm)</td><td rowspan="2">主
梁</td><td>不设拱度</td><td>+3,0</td><td rowspan="2">梁卧置时在下盖板外侧拉线测量:检查中部1处</td><td rowspan="2">1</td></tr>
<tr><td>设拱度</td><td>+10,-3</td></tr>
<tr><td colspan="2">两片主梁拱度差</td><td>4</td><td>分别测量两片主梁拱度,求差值</td><td>1</td></tr>
<tr><td rowspan="2">6</td><td rowspan="2">平面度
(mm)</td><td colspan="2">主梁腹板</td><td>$<\frac{s}{350}$,且≤8</td><td rowspan="2">平尺或拉线:测量中部1处</td><td rowspan="2">1</td></tr>
<tr><td colspan="2">纵、横梁
腹板</td><td>$\frac{s}{500}$,且≤5</td></tr>
<tr><td rowspan="2">7</td><td rowspan="2">主梁、纵横梁盖板对腹板的垂直度(mm)</td><td colspan="2">有孔部位</td><td>0.5</td><td rowspan="2">角尺:测量3~5处</td><td rowspan="2">1</td></tr>
<tr><td colspan="2">其余部位</td><td>1.5</td></tr>
<tr><td rowspan="3">8Δ</td><td rowspan="3">连接</td><td colspan="2">焊缝尺寸</td><td rowspan="2">符合设计要求</td><td>量规:检查全部</td><td>2</td></tr>
<tr><td colspan="2">焊缝探伤</td><td>超声:检查全部;
射线:按设计规定,设计未规定时按10%抽查</td><td rowspan="2">3</td></tr>
<tr><td colspan="2">高强螺栓扭矩</td><td>±10%</td><td>测力扳手:检查5%,且不少于2个</td></tr>
</table>

注:s 为加劲肋与加劲肋之间的距离。

表 8.9.1-2 钢桁节段制作实测项目

<table>
<tr><th>项 次</th><th colspan="2">检 查 项 目</th><th>规定值或允许偏差</th><th>检查方法和频率</th><th>权 值</th></tr>
<tr><td>1</td><td colspan="2">节段长度(mm)</td><td>±5</td><td>尺量:每节段检查4~6处</td><td>2</td></tr>
<tr><td>2</td><td colspan="2">节段高度(mm)</td><td>±2</td><td>尺量:每节段检查4处</td><td>2</td></tr>
<tr><td>3</td><td colspan="2">节段宽度(mm)</td><td>±3</td><td>尺量:每节段检查4处</td><td>2</td></tr>
<tr><td rowspan="2">4</td><td colspan="2">节间长度(mm)</td><td>±2</td><td rowspan="2">尺量:检查每个节间</td><td rowspan="2">1</td></tr>
<tr><td colspan="2">对角线长度(mm)</td><td>±3</td></tr>
<tr><td>5</td><td colspan="2">桁片平面度(mm)</td><td>3</td><td>拉线测量:每节段检查1处</td><td>1</td></tr>
<tr><td>6</td><td colspan="2">拱度(mm)</td><td>±3</td><td>拉线测量:每节段检查1处</td><td>1</td></tr>
<tr><td rowspan="3">7Δ</td><td rowspan="3">连
接</td><td>焊缝尺寸</td><td rowspan="2">符合设计要求</td><td>量规:检查全部</td><td>2</td></tr>
<tr><td>焊缝探伤</td><td>超声:检查全部;
射线:按设计规定,设计未规定时按10%抽查</td><td rowspan="2">3</td></tr>
<tr><td>高强螺栓扭矩</td><td>±10%</td><td>测力扳手:检查5%,且不少于2个</td></tr>
</table>

表 8.9.1-3　钢箱梁制作实测项目

<table>
<tr><th>项　次</th><th colspan="2">检 查 项 目</th><th>规定值或允许偏差</th><th>检查方法和频率</th><th>权　值</th></tr>
<tr><td rowspan="2">1Δ</td><td rowspan="2">梁高 h (mm)</td><td>$h \leqslant 2$m</td><td>±2</td><td rowspan="2">尺量:检查两端腹板处高度</td><td rowspan="2">2</td></tr>
<tr><td>$h > 2$m</td><td>±4</td></tr>
<tr><td>2</td><td colspan="2">跨度 L(mm)</td><td>±(5+0.15L)</td><td>全站仪或钢尺:测两支座中心距离</td><td>1</td></tr>
<tr><td>3</td><td colspan="2">全长(mm)</td><td>±15</td><td>全站仪或钢尺</td><td>1</td></tr>
<tr><td>4Δ</td><td colspan="2">腹板中心距(mm)</td><td>±3</td><td>尺量:检查两腹板中心距</td><td>2</td></tr>
<tr><td>5</td><td colspan="2">盖板宽度(mm)</td><td>±4</td><td>尺量:检查两端断面</td><td>1</td></tr>
<tr><td>6</td><td colspan="2">横断面对角线差(mm)</td><td>4</td><td>尺量:检查两端断面</td><td>1</td></tr>
<tr><td>7</td><td colspan="2">旁弯(mm)</td><td>3+0.1L</td><td>拉线用尺量:检查跨中</td><td>1</td></tr>
<tr><td>8</td><td colspan="2">拱度(mm)</td><td>+10,-5</td><td>拉线用尺量:检查跨中</td><td>1</td></tr>
<tr><td>9</td><td colspan="2">腹板平面度(mm)</td><td>$<\frac{s}{250}$,且≤8</td><td>平尺或拉线:检查跨中</td><td>1</td></tr>
<tr><td>10</td><td colspan="2">扭曲(mm)</td><td>每米≤1,且每段≤10</td><td>置于平台,四角中有三角接触平台,用尺量另一角与平台间隙</td><td>1</td></tr>
<tr><td rowspan="3">11Δ</td><td rowspan="3">连接</td><td>焊缝尺寸</td><td rowspan="2">符合设计要求</td><td>量规:检查全部</td><td>2</td></tr>
<tr><td>焊缝探伤</td><td>超声:检查全部;
射线:按设计规定,设计未规定时按 10%抽查</td><td rowspan="2">3</td></tr>
<tr><td>高强螺栓扭矩</td><td>±10%</td><td>测力扳手:检查 5%,且不少于 2 个</td></tr>
</table>

注:①L 以 m 计。

②s 为加劲肋与加劲肋之间的距离。

3　外观鉴定

1) 钢箱梁内外表面不得有凹陷、划痕、焊疤、电弧擦伤等缺陷,边缘应无毛刺。不符合要求时,每处减 0.5~1 分,并应修整。

2) 焊缝均应平滑,无裂纹、未溶合、夹渣、未填满弧坑、焊瘤等外观缺陷,预焊件的装焊符合设计要求。发现不合格时,每处减 0.5~2 分,并须处理。

8.9.2　钢梁防护

1　基本要求

1) 防护涂装材料的品种、规格、技术性能指标必须符合设计和技术规范的要求,具有完整的出厂质量合格证明书,并经防护涂装施工单位和监理工程师复检合格后方可使用。

2) 施工采用的涂敷系统应进行车间和现场的工艺试验,其结果须得到监理工程师签字认可后方可正式施工。

3) 涂装过程中的环境条件、每层涂装时间间隔以及使用的机具设备等均应满足涂装施工工艺和涂料说明书的要求。在完成前一道涂敷后,其干膜厚度须经监理工程师检验合格,方可进行下一道涂敷。

4）涂装干膜厚度应达到规定值,检测点的漆膜厚度合格率须符合设计要求。

5）由运输等造成的防护涂装损坏必须修复。

2　实测项目

见表 8.9.2。

表 8.9.2　钢梁防护涂装实测项目

项　次	检 查 项 目		规定值或允许偏差	检查方法和频率	权　值
1Δ	除锈清洁度		符合设计规定,设计未规定时,Sa2.5(St3)	比照板目测:100%	3
2Δ	粗糙度(μm)	外表面	70~100	按设计规定检查。设计未规定时,用粗糙度仪检查,每段检查 6 点,取平均值	2
		内表面	40~80		
3	总干膜厚度(μm)		符合设计要求	漆膜测厚仪检查	1
4	附着力(MPa)		符合设计要求	划格或拉力试验:按设计规定频率检查	1

注:项次 3 的检查频率按设计规定执行。设计未规定时,每 $10m^2$ 测 3~5 个点,每个点附近测 3 次,取平均值,每个点的量测值如小于设计值应加涂一层涂料。每涂完一层后,必须检测干膜总厚度。

3　外观鉴定

1）涂层表面完整光洁,均匀一致,无破损、气泡、裂纹、针孔、凹陷、麻点、流挂和皱皮等缺陷。不符合要求时,每处减 0.5~1 分。

2）涂后的漆膜颜色一致。不符合要求时减 1~2 分。

8.9.3　钢梁安装

1　基本要求

1）所使用的焊接材料和紧固件必须符合设计和技术规范的要求。

2）应按设计规定的程序进行安装。

3）工地安装焊缝应事先进行焊接工艺评定试验,施焊应按监理工程师批准的焊接工艺方案进行。施焊人员必须具有相应的焊接资格证和上岗证。

4）同一部位的焊缝返修不能超过二次,返修后的焊缝应按原质量标准进行复验,并且合格。

5）高强螺栓连接摩擦面的抗滑移系数应对随梁发送的试板进行检验,检验结果须符合设计要求。

6）钢梁运输、吊装过程中应采取可靠措施防止构件变形、碰撞或损坏漆面,严禁在工地安装具有变形构件的钢梁。

2　实测项目

见表 8.9.3。

表 8.9.3　钢梁安装实测项目

<table>
<tr><th>项　次</th><th colspan="2">检 查 项 目</th><th>规定值或允许偏差</th><th>检查方法和频率</th><th>权　值</th></tr>
<tr><td rowspan="2">1</td><td rowspan="2">轴线偏位(mm)</td><td>钢梁中线</td><td>10</td><td rowspan="2">经纬仪:测量2处</td><td rowspan="2">2</td></tr>
<tr><td>两孔相邻横梁中线相对偏位</td><td>5</td></tr>
<tr><td rowspan="2">2</td><td rowspan="2">梁底高程(mm)</td><td>墩台处梁底</td><td>±10</td><td rowspan="2">水准仪:每支座1处,每横梁2处</td><td rowspan="2">2</td></tr>
<tr><td>两孔相邻横梁相对高差</td><td>5</td></tr>
<tr><td rowspan="3">3Δ</td><td rowspan="3">连接</td><td>焊缝尺寸</td><td rowspan="2">符合设计要求</td><td>量规:检查全部</td><td>2</td></tr>
<tr><td>焊缝探伤</td><td>超声:检查全部;
射线:按设计规定,设计未规定时按10%抽查</td><td rowspan="2">3</td></tr>
<tr><td>高强螺栓扭矩</td><td>±10%</td><td>测力扳手:检查5%,且不少于2个</td></tr>
</table>

3　外观鉴定

1) 线形平顺,无明显折变。不符合要求时减1~3分。

2) 焊缝均应平滑,无裂纹、未溶合、夹渣、未填满弧坑、焊瘤等外观缺陷。发现不合格时,每处减0.5~2分,并须处理。

8.10　斜拉桥

8.10.1　混凝土索塔

1　基本要求

1) 混凝土所用的水泥、砂、石、水、外掺剂及混合材料的质量和规格必须符合有关规范的要求,按规定的配合比施工。

2) 索塔的索道孔、锚箱位置及锚箱锚固面与水平面的交角均应控制准确,锚垫板与孔道必须互相垂直。

3) 分段浇筑时,段与段间不得有错台。

4) 不得出现露筋和空洞现象。

5) 横梁施工中,不得因支架变形、温度或预应力而出现裂缝,横梁与塔柱紧密连成整体。

2　实测项目

塔柱见表8.10.1-1,横梁见表8.10.1-2

表 8.10.1-1　斜拉桥塔柱段实测项目

项　次	检 查 项 目	规定值或允许偏差	检查方法和频率	权　值
1Δ	混凝土强度(MPa)	在合格标准内	按附录D检查	3
2	塔柱底偏位(mm)	10	经纬仪或全站仪:纵横各检查2点	1
3Δ	倾斜度(mm)	符合设计规定,设计未规定时按1/3000塔高,且不大于30	经纬仪或全站仪:纵横各检查2点	2
4	外轮廓尺寸(mm)	±20	尺量,每段检查3个断面	1

续上表

项 次	检 查 项 目	规定值或允许偏差	检查方法和频率	权 值
5	壁厚(mm)	±5	尺量:每段每侧面检查1处	1
6	锚固点高程(mm)	±10	水准仪或全站仪:每锚固点	1
7Δ	孔道位置(mm)	10,且两端同向	尺量:每孔道	2
8	预埋件位置(mm)	5	尺量:每件	1

表 8.10.1-2 横梁实测项目

项 次	检 查 项 目	规定值或允许偏差	检查方法和频率	权 值
1Δ	混凝土强度(MPa)	在合格标准内	按附录D检查	3
2	轴线偏位(mm)	10	经纬仪:每梁检查5处	1
3	外轮廓尺寸(mm)	±10	尺量:检查3~5个断面	1
4	壁厚(mm)	5	尺量:每侧面检查1处,检查3~5个断面	1
5	顶面高程(mm)	±10	水准仪:检查5处	1

3 外观鉴定

1）混凝土表面平整,颜色一致,轮廓线顺直。不符合要求时减1~3分。

2）混凝土表面不得出现蜂窝、麻面,如出现必须修整完好,并减1~4分。

3）混凝土表面出现非受力裂缝时减1~3分。裂缝宽度超过设计规定或设计未规定时超过0.15mm必须处理。

4）施工临时预埋件或其他临时设施未清除处理时减1~2分。

8.10.2 平行钢丝斜拉索制作与防护

1 基本要求

1）镀锌钢丝、锚头锻钢材料的各项技术性能必须符合设计要求。

2）钢丝必须梳理顺直,热挤时平行钢丝束的扭转角度应满足技术规范要求,不得松散。

3）热挤防护采用的高密度聚乙烯材料的技术性能应符合设计要求。防护处理的程序、温度、时间与方法,均应严格控制。防护层不得有断裂、裂纹。

4）锚头机械精加工尺寸应满足设计要求。锚头必须按设计或规范要求进行探伤,检查结果必须合格。

5）钢丝镦头不得有横向裂纹,头型圆整。每镦头一批,须仔细对镦头机进行检查、调整,以保证镦头质量。

6）冷铸材料配料应准确,加温固化应严格控制程序、温度和时间。

7）斜拉索安装前,均应作1.3~1.5倍设计荷载的预张拉试验,锚板回缩量不大于6mm,试验后锚具完好。

8）斜拉索成品在出厂前须做放索试验。

2 实测项目

见表8.10.2。

表8.10.2　平行钢丝斜拉索制作与防护实测项目

<table>
<tr><th>项　次</th><th colspan="2">检 查 项 目</th><th>规定值或允许偏差</th><th>检查方法和频率</th><th>权　值</th></tr>
<tr><td rowspan="2">1Δ</td><td rowspan="2">斜拉索长度(mm)</td><td>≤100m</td><td>±20</td><td rowspan="2">尺量:每根</td><td rowspan="2">2</td></tr>
<tr><td>>100m</td><td>±1/5000 索长</td></tr>
<tr><td>2Δ</td><td colspan="2">PE 防护厚度(mm)</td><td>+1.0,-0.5</td><td>尺量:抽查20%</td><td>1</td></tr>
<tr><td>3</td><td colspan="2">锚板孔眼直径 D(mm)</td><td>$d<D<1.1d$</td><td>量规:每件</td><td>1</td></tr>
<tr><td>4</td><td colspan="2">镦头尺寸(mm)</td><td>镦头直径≥$1.4d$
镦头高度≥d</td><td>游标卡尺:每种规格检查10个</td><td>1</td></tr>
<tr><td rowspan="2">5Δ</td><td rowspan="2">冷铸填料强度</td><td>允许</td><td>不小于设计</td><td rowspan="2">试验机:每锚3个边长30mm试件</td><td rowspan="2">2</td></tr>
<tr><td>极值</td><td>小于设计10%</td></tr>
<tr><td>6Δ</td><td colspan="2">锚具附近密封处理</td><td>符合设计要求</td><td>目测:全部</td><td>2</td></tr>
</table>

注:d 为钢丝直径。

3　外观鉴定

1）斜拉索表面应平整密实。无畸形,颜色一致,不符合要求时减1~5分。

2）斜拉索表面无碰伤或擦痕。不符合要求时减1~5分。

3）锚头无伤痕、锈蚀。不符合要求时须处理,并减1~3分。

8.10.3　混凝土斜拉桥主墩上梁段的浇筑

1　基本要求

1）混凝土所用的水泥、砂、石、水、外掺剂及混合材料的质量和规格必须符合有关规范的要求,按规定的配合比施工。

2）不得出现露筋和空洞现象。

3）施工过程中,梁体不得出现宽度超过设计和规范规定的受力裂缝。一旦出现,必须查明原因,经过处理后方可继续施工。

2　实测项目

见表8.10.3。

表8.10.3　主墩上梁段浇筑实测项目

<table>
<tr><th>项　次</th><th colspan="2">检 查 项 目</th><th>规定值或允许偏差</th><th>检查方法和频率</th><th>权　值</th></tr>
<tr><td>1Δ</td><td colspan="2">混凝土强度(MPa)</td><td>在合格标准内</td><td>按附录D检查</td><td>3</td></tr>
<tr><td>2Δ</td><td colspan="2">轴线偏位(mm)</td><td>跨径/10000</td><td>经纬仪或全站仪:纵桥向检查2点</td><td>2</td></tr>
<tr><td>3</td><td colspan="2">顶面高程(mm)</td><td>±10</td><td>水准仪:检查3处</td><td>2</td></tr>
<tr><td rowspan="4">4Δ</td><td rowspan="4">断面尺寸(mm)</td><td>高度</td><td>+5,-10</td><td rowspan="4">尺量:检查2个断面</td><td rowspan="4">2</td></tr>
<tr><td>顶宽</td><td>±30</td></tr>
<tr><td>底宽或肋间宽</td><td>±20</td></tr>
<tr><td>顶、底、腹板厚或肋宽</td><td>+10,-0</td></tr>
</table>

续上表

项　次	检 查 项 目	规定值或允许偏差	检查方法和频率	权　值
5	横坡(%)	±0.15	水准仪:检查1~3处	1
6	预埋件位置(mm)	5	尺量:每件	1
7	平整度(mm)	8	2m直尺:检查竖直、水平两个方向,每侧面每10m梁长测1处	1

3　外观鉴定

1）混凝土表面平整,线形顺直,颜色一致。不符合要求时减1~3分。

2）混凝土表面不得出现蜂窝、麻面,如出现必须修整完好,并减1~4分。

3）混凝土表面出现非受力裂缝时减1~3分,裂缝宽度超过设计规定或设计未规定时超过0.15mm必须处理。

4）梁体内不应遗留建筑垃圾、杂物、临时预埋件等。不符合要求时减1~2分,并应清理干净。

8.10.4　混凝土斜拉桥梁的悬臂施工

1　基本要求

1）混凝土所用的水泥、砂、石、水、外掺剂及混合材料的质量和规格必须符合有关规范的要求,严格按规定的配合比施工。

2）千斤顶及油表等斜拉索张拉工具,必须事先经过检查和标定。

3）穿索前应将锚箱孔道毛刺打平,避免损伤斜拉索。

4）施工过程中必须对索力、高程及塔柱变形进行观测,并记录当时的温度。

5）悬臂施工梁段前,必须对0号块件的高程、桥轴线作详细复核,符合设计要求后方可进行悬臂梁段的施工。

6）悬臂施工必须对称进行,斜拉索张拉的次数、量值和顺序应按设计规定或施工控制要求进行。

7）悬臂施工跨中合龙前,应调整超出允许范围的索力值。合龙段两侧的高差必须在设计允许范围内。

8）梁体不得出现露筋和空洞现象,不得出现宽度超过设计和规范规定的受力裂缝。若出现时必须查明原因,经过处理后方可继续施工。

9）施工过程中,当索力和高程超过设计允许偏差时,必须按施工控制的要求进行调整。

10）接头的形式、位置、胶结材料的性能和质量,以及其他技术指标必须满足设计要求,接缝填充密实。

2　实测项目

见表8.10.4-1和表8.10.4-2。悬臂拼装的梁段制作见表8.7.1.2-1。

表 8.10.4-1　混凝土斜拉桥梁的悬臂浇筑实测项目

<table>
<tr><th>项　次</th><th colspan="2">检 查 项 目</th><th colspan="2">规定值或允许偏差</th><th>检查方法和频率</th><th>权　值</th></tr>
<tr><td>1Δ</td><td colspan="2">混凝土强度(MPa)</td><td colspan="2">在合格标准内</td><td>按附录 D 检查</td><td>3</td></tr>
<tr><td rowspan="2">2</td><td colspan="2" rowspan="2">轴线偏位(mm)</td><td>L≤100m</td><td>10</td><td rowspan="2">经纬仪:每段检查 2 点</td><td rowspan="2">1</td></tr>
<tr><td>L>100m</td><td>L/10000</td></tr>
<tr><td rowspan="4">3Δ</td><td rowspan="4">断面尺寸
(mm)</td><td>高度</td><td colspan="2">+5，-10</td><td rowspan="4">尺量:每段检查 2 个断面</td><td rowspan="4">2</td></tr>
<tr><td>顶宽</td><td colspan="2">±30</td></tr>
<tr><td>底宽或肋间宽</td><td colspan="2">±20</td></tr>
<tr><td>顶、底、腹板厚或肋宽</td><td colspan="2">+10，-0</td></tr>
<tr><td rowspan="2">4Δ</td><td rowspan="2">索力(kN)</td><td>允许</td><td colspan="2">满足设计和施工控制要求</td><td rowspan="2">测力仪:测每索拉力</td><td rowspan="2">3</td></tr>
<tr><td>极值</td><td colspan="2">符合设计规定,设计未规定时与设计值相差 10%</td></tr>
<tr><td rowspan="3">5Δ</td><td rowspan="3">梁锚固点或梁顶高程
(mm)</td><td>梁段</td><td colspan="2">满足施工控制要求</td><td rowspan="3">水准仪或全站仪:测量每个锚固点或每梁段中点</td><td rowspan="3">2</td></tr>
<tr><td rowspan="2">合龙后</td><td>L≤100m</td><td>±20</td></tr>
<tr><td>L>100m</td><td>±L/5000</td></tr>
<tr><td>6</td><td colspan="2">横坡(%)</td><td colspan="2">±0.15</td><td>水准仪:检查每梁段</td><td>1</td></tr>
<tr><td>7Δ</td><td colspan="2">锚具轴线与孔道轴线偏位(mm)</td><td colspan="2">5</td><td>尺量:全部</td><td>1</td></tr>
<tr><td>8</td><td colspan="2">预埋件位置(mm)</td><td colspan="2">5</td><td>尺量:每件</td><td>1</td></tr>
<tr><td>9</td><td colspan="2">平整度(mm)</td><td colspan="2">8</td><td>2m 直尺:检查竖直、水平两个方向,每侧每 10m 梁长测 1 处</td><td>1</td></tr>
</table>

注:①L 为跨径。

②合龙段评定时,项次 4、7 不参与评定。

表 8.10.4-2　混凝土斜拉桥梁的悬臂拼装实测项目

<table>
<tr><th>项　次</th><th colspan="2">检 查 项 目</th><th colspan="2">规定值或允许偏差</th><th>检查方法和频率</th><th>权　值</th></tr>
<tr><td>1Δ</td><td colspan="2">合龙段混凝土强度(MPa)</td><td colspan="2">在合格标准内</td><td>按附录 D 检查</td><td>3</td></tr>
<tr><td rowspan="2">2</td><td colspan="2" rowspan="2">轴线偏位(mm)</td><td>L≤100m</td><td>10</td><td rowspan="2">经纬仪:每段检查 2 点</td><td rowspan="2">1</td></tr>
<tr><td>L>100m</td><td>L/10000</td></tr>
<tr><td rowspan="2">3Δ</td><td rowspan="2">索力
(kN)</td><td>允许</td><td colspan="2">满足设计和施工控制要求</td><td rowspan="2">测力仪:测每索拉力</td><td rowspan="2">3</td></tr>
<tr><td>极值</td><td colspan="2">符合设计规定,设计未规定时与设计值相差 10%</td></tr>
<tr><td rowspan="3">4Δ</td><td rowspan="3">梁锚固点或梁顶高程
(mm)</td><td>梁段</td><td colspan="2">满足施工控制要求</td><td rowspan="3">水准仪或全站仪:测量每个锚固点或每梁段中点</td><td rowspan="3">1</td></tr>
<tr><td rowspan="2">合龙后</td><td>L≤100m</td><td>±20</td></tr>
<tr><td>L>100m</td><td>±L/5000</td></tr>
<tr><td>5Δ</td><td colspan="2">锚具轴线与孔道轴线偏位(mm)</td><td colspan="2">5</td><td>尺量:抽查 25%</td><td>1</td></tr>
</table>

注:①L 为跨径。

②合龙段评定时,项次 3、5 不参与评定。

3　外观鉴定

1）线形平顺，梁顶面平整，每段无明显折变。不符合要求时减 1～3 分。

2）相邻块件的接缝平整密实，颜色一致，棱角分明，无明显错台。不符合要求时减 1～3 分。

3）混凝土表面不应出现蜂窝、麻面，如出现必须修整，并减 1～4 分。

4）混凝土表面出现非受力裂缝时减 1～3 分，裂缝宽度超过设计规定或设计未规定时超过 0.15mm 必须处理。

5）梁体内不应遗留建筑垃圾、杂物、临时预埋件等。不符合要求时减 1～2 分，并应清理干净。

8.10.5　钢斜拉桥的箱梁段制作

1　基本要求

同本标准第 8.9.1 条 1。

2　实测项目

见表 8.10.5。

表 8.10.5　钢箱梁段制作实测项目

<table>
<tr><th>项　次</th><th colspan="2">检 查 项 目</th><th>规定值或允许偏差</th><th>检查方法和频率</th><th>权　值</th></tr>
<tr><td>1</td><td colspan="2">梁长(mm)</td><td>±2</td><td>钢尺:检查中心线及两侧</td><td>2</td></tr>
<tr><td>2</td><td colspan="2">梁段桥面板四角高差(mm)</td><td>4</td><td>水准仪:检查 4 角</td><td>1</td></tr>
<tr><td>3</td><td colspan="2">风嘴直线度偏差(mm)</td><td>L/2000,且≤6</td><td>拉线、尺量:检查各风嘴边缘</td><td>1</td></tr>
<tr><td rowspan="4">4△</td><td rowspan="4">端口尺寸</td><td>宽度(mm)</td><td>±4</td><td rowspan="4">钢尺:检查两端</td><td>1</td></tr>
<tr><td>中心高(mm)</td><td>±2</td><td>1</td></tr>
<tr><td>边高(mm)</td><td>±3</td><td>1</td></tr>
<tr><td>横断面对角线差(mm)</td><td>≤4</td><td>1</td></tr>
<tr><td rowspan="2">5</td><td rowspan="2">锚箱</td><td>锚点坐标(mm)</td><td>±4</td><td>经纬仪、垂球:检查 6 点</td><td>1</td></tr>
<tr><td>斜拉索轴线角度(°)</td><td>0.5</td><td>经纬仪、垂球:2 点</td><td>1</td></tr>
<tr><td rowspan="3">6△</td><td rowspan="3">梁段匹配性</td><td>纵桥向中心线偏差(mm)</td><td>1</td><td>钢尺:每段检查</td><td>2</td></tr>
<tr><td>顶、底、腹板对接间隙(mm)</td><td>+3,-1</td><td>钢尺:检查各对接断面</td><td>2</td></tr>
<tr><td>顶、底、腹板对接错边(mm)</td><td>2</td><td>钢尺、水平仪:检查各对接断面</td><td>1</td></tr>
<tr><td rowspan="2">7△</td><td rowspan="2">焊缝</td><td>焊缝尺寸</td><td rowspan="2">符合设计要求</td><td>量规:检查全部</td><td>2</td></tr>
<tr><td>探伤</td><td>超声:检查全部;
射线:按设计规定,设计未规定时按 10%抽查</td><td>3</td></tr>
</table>

注：L-量测长度。

3　外观鉴定

同本标准第 8.9.1 条 3。

8.10.6　钢斜拉桥箱梁段防护涂装和合龙后工地防护涂装

同本标准第 8.9.2 条。

8.10.7　钢斜拉桥箱梁段的拼装

1　基本要求

1）钢箱梁拼装架设时采用的高强螺栓、焊接材料的品种、规格、化学成分及力学性能必须符合设计和有关技术规范的要求。

2）在工厂制作的斜拉索成品必须有经监理工程师签认的产品质量合格证,方能在工地使用。

3）钢箱梁段必须验收合格后方能在工地拼装。

4）工地安装焊缝必须事先进行焊接工艺评定试验,施焊必须按监理工程师批准的焊接工艺方案进行。施焊人员必须具有相应的焊接资格证和上岗证。

5）同一部位的焊缝返修不能超过二次,返修后的焊缝应按原质量标准进行复验,并且合格。

6）高强螺栓连接摩擦面的抗滑移系数应对随梁发送的试板进行检验,检验结果须符合设计要求。

7）千斤顶和油表等斜拉索张拉工具,以及高强螺栓测力扳手必须事先经过检查和标定。

8）施工过程中必须对索力、高程及塔柱变形进行观测,并记录现场的温度。当索力和标高超过设计允许偏差时,必须按施工控制的要求进行调整。

9）悬臂施工必须按照设计要求对称进行。

2　实测项目

见表 8.10.7-1 和表 8.10.7-2。

表 8.10.7-1　钢斜拉桥箱梁段的悬臂拼装实测项目

项次	检查项目		规定值或允许偏差		检查方法和频率	权值
1	轴线偏位(mm)		$L \leq 200$m	10	经纬仪:每段检查 2 点	1
			$L > 200$m	L/20000		
2Δ	索力(kN)	允许	满足设计和施工控制要求		测力仪:测每索	3
		极值	符合设计规定,设计未规定时与设计值相差 10%			
3Δ	梁锚固点高程或梁顶高程(mm)	梁段	满足施工控制要求		水准仪:测量每个锚固点或梁段两端中点	2
		合龙后	$L \leq 200$m	±20		
			$L > 200$m	±L/10000		
4	梁顶水平度(mm)		20		水准仪:测梁顶四角	1
5Δ	相邻节段匹配高差(mm)		2		尺量:每段	2
6Δ	连接	焊缝尺寸	符合设计要求		量规:检查全部	2
		探伤			超声:检查全部; 射线:按设计规定,设计未规定时按 10%抽查	3
		高强螺栓扭矩	±10%		测力扳手:抽查 5%且不少于 2 个	

注:L 为跨径。

表 8.10.7-2　钢斜拉桥钢箱梁段的支架安装实测项目

<table>
<tr><th>项　次</th><th colspan="2">检 查 项 目</th><th>规定值或允许偏差</th><th>检查方法和频率</th><th>权　值</th></tr>
<tr><td>1</td><td colspan="2">轴线偏位(mm)</td><td>10</td><td>经纬仪:每段检查 2 点</td><td>1</td></tr>
<tr><td>2</td><td colspan="2">梁段的纵向位置(mm)</td><td>10</td><td>经纬仪:检查每段</td><td>2</td></tr>
<tr><td>3Δ</td><td colspan="2">梁顶高程(mm)</td><td>± 10</td><td>水准仪:测量梁段两端中点</td><td>2</td></tr>
<tr><td>4</td><td colspan="2">梁顶水平度(mm)</td><td>10</td><td>水准仪:测量四角</td><td>1</td></tr>
<tr><td rowspan="3">5Δ</td><td rowspan="3">连接</td><td>焊缝尺寸</td><td rowspan="2">符合设计要求</td><td>量规:检查全部</td><td>2</td></tr>
<tr><td>焊缝探伤</td><td>超声:检查全部;
射线:按设计规定,设计未规定时按 10% 抽查</td><td rowspan="2">3</td></tr>
<tr><td>高强螺栓扭矩</td><td>± 10%</td><td>测力扳手:检查 5%,且不少于 2 个</td></tr>
</table>

3　外观鉴定

1）线形平顺,段间无明显折变。不符合要求时减 1 ~ 3 分。

2）焊缝均应平滑,无裂纹、未溶合、夹渣、未填满弧坑、焊瘤等外观缺陷。不符合要求时,每处减 0.5 ~ 2 分,并须处理。

8.10.8　结合梁斜拉桥的工字梁段制作

1　基本要求

同本标准第 8.9.1 条 1。

2　实测项目

见表 8.10.8。

表 8.10.8　工字梁段制作实测项目

<table>
<tr><th>项　次</th><th colspan="2">检 查 项 目</th><th>规定值或允许偏差</th><th>检查方法和频率</th><th>权　值</th></tr>
<tr><td rowspan="2">1Δ</td><td rowspan="2">梁高(mm)</td><td>主梁</td><td>± 2</td><td rowspan="2">尺量:每梁段检查 2 处</td><td>2</td></tr>
<tr><td>横梁</td><td>± 1.5</td><td>2</td></tr>
<tr><td rowspan="2">2</td><td rowspan="2">梁长(mm)</td><td>主梁</td><td>± 3</td><td rowspan="2">尺量:每梁段</td><td>1</td></tr>
<tr><td>横梁</td><td>± 1.5</td><td>1</td></tr>
<tr><td rowspan="2">3</td><td rowspan="2">梁宽(mm)</td><td>主梁</td><td>± 1.5</td><td rowspan="2">尺量:每梁段检查 2 处</td><td>1</td></tr>
<tr><td>横梁</td><td>± 1.5</td><td>1</td></tr>
<tr><td rowspan="2">4</td><td rowspan="2">梁腹板平面度(mm)</td><td>主梁</td><td>h/350,且不大于 8</td><td rowspan="2">2m 直尺:沿长度方向每段量 2 ~ 3 尺</td><td>1</td></tr>
<tr><td>横梁</td><td>h/500,且不大于 5</td><td>1</td></tr>
<tr><td rowspan="2">5</td><td rowspan="2">锚箱(mm)</td><td>锚点坐标(mm)</td><td>± 4</td><td>经纬仪、垂球:检查 6 点</td><td>1</td></tr>
<tr><td>斜拉索轴线角度(°)</td><td>0.5</td><td>经纬仪、垂球:2 点</td><td>1</td></tr>
<tr><td>6Δ</td><td colspan="2">梁段顶、底、腹板对接错边(mm)</td><td>2</td><td>钢尺、水平仪:检查各对接断面</td><td>2</td></tr>
<tr><td rowspan="3">7Δ</td><td rowspan="3">连接</td><td>焊缝尺寸</td><td rowspan="2">符合设计要求</td><td>量规:检查全部</td><td>2</td></tr>
<tr><td>焊缝探伤</td><td>超声:检查全部;
射线:按设计规定,设计未规定时按 10% 抽查</td><td rowspan="2">3</td></tr>
<tr><td>高强螺栓扭矩</td><td>± 10%</td><td>测力扳手:检查 5%,且不少于 2 个</td></tr>
</table>

注:h 为梁高。

3　外观鉴定

同本标准第 8.9.1 条 3。

8.10.9　结合梁斜拉桥工字梁段防护及合龙后工地防护

同本标准第 8.9.2 条。

8.10.10　结合梁斜拉桥工字梁段的悬臂拼装

1　基本要求

同本标准第 8.10.7 条 1。

2　实测项目

见表 8.10.10。

表 8.10.10　结合梁工字梁段悬臂拼装实测项目

<table>
<tr><th>项　次</th><th colspan="3">检 查 项 目</th><th colspan="2">规定值或允许偏差</th><th>检查方法和频率</th><th>权　值</th></tr>
<tr><td rowspan="2">1</td><td colspan="3" rowspan="2">轴线偏位</td><td>$L \leqslant 200$m</td><td>10</td><td rowspan="2">经纬仪:每段测量 2 点</td><td rowspan="2">1</td></tr>
<tr><td>$L > 200$m</td><td>$L/20000$</td></tr>
<tr><td>2Δ</td><td colspan="3">索力(kN)</td><td colspan="2">满足设计和施工控制要求</td><td>测力仪:检查每索</td><td>3</td></tr>
<tr><td rowspan="2">3Δ</td><td colspan="2" rowspan="2">梁锚固点高程或梁顶高程(mm)</td><td>梁段</td><td colspan="2">满足施工控制要求</td><td rowspan="2">水准仪:测量每个锚固点或梁段两端中点</td><td rowspan="2">2</td></tr>
<tr><td>两主梁高差</td><td colspan="2">10</td></tr>
<tr><td rowspan="3">4Δ</td><td rowspan="3">连接</td><td colspan="2">焊缝尺寸</td><td colspan="2" rowspan="2">符合设计要求</td><td>量规:检查全部</td><td>2</td></tr>
<tr><td colspan="2">焊缝探伤</td><td>超声:检查全部;
射线:按设计规定,设计未规定时按 10%抽查</td><td rowspan="2">3</td></tr>
<tr><td colspan="2">高强螺栓扭矩</td><td colspan="2">±10%</td><td>测力扳手:抽查 5%且不少于 2 个</td></tr>
</table>

注:L 为跨径。

3　外观鉴定

同本标准第 8.10.7 条 3。

8.10.11　结合梁斜拉桥的混凝土板施工

1　基本要求

1) 混凝土所用的水泥、砂、石、水、外掺剂及混合材料的质量和规格必须符合有关规范的要求,按规定的配合比施工。

2) 混凝土板的浇筑或安装必须按照设计要求,对称进行。

3) 不得出现露筋和空洞现象。

4) 施工过程中,当索力和高程超过设计允许偏差时,必须按施工控制的要求进行调整。

2　实测项目

见表 8.10.11。

表 8.10.11　结合梁斜拉桥混凝土板施工实测项目

项　目	检 查 项 目		规定值或允许偏差		检查方法和频率	权　值
1Δ	混凝土强度(MPa)		在合格标准内		按附录 D 检查	3
2Δ	混凝土板尺寸(mm)	厚	+10，-0		尺量，每段 2 个断面	1
		宽	±30			
3Δ	索力(kN)	允许	符合设计要求		测力仪：测每索	2
		极值	符合设计规定，设计未规定时与设计值相差 10%			
4Δ	高程(mm)		$L \leqslant 200m$	±20	水准仪：每跨检查 5～15 处	1
			$L > 200m$	$\pm L/10000$		
5	横坡(%)		±0.15		水准仪：每跨测量 3～8 个断面	1

注：L 为跨径。

3　外观鉴定

1)混凝土表面应平整，不符合要求时减 1～3 分。

2)混凝土边缘线条顺直。不符合要求时减 1～3 分。

3)混凝土底面不得出现蜂窝、麻面，如出现必须修整，并减 1～4 分。

8.11　悬索桥

8.11.1　混凝土索塔

1　基本要求

1) 混凝土所用的水泥、砂、石、水、外掺剂及混合材料的质量和规格必须符合有关规范的要求，按规定的配合比施工。

2) 分段浇筑时段与段间不得有错台。

3) 不得出现露筋和空洞现象。

4) 横系梁施工中，不得因支架变形、温度或预应力而出现裂缝。

2　实测项目

塔柱见表 8.11.1，横梁见表 8.10.1-2。

表 8.11.1　悬索桥塔柱段实测项目

项　次	检 查 项 目	规定值或允许偏差	检查方法和频率	权　值
1Δ	混凝土强度(MPa)	在合格标准内	按附录 D 检查	3
2	塔柱底水平偏位(mm)	10	经纬仪：纵横各检查 2 点	1
3Δ	倾斜度(mm)	符合设计规定，设计未规定时按塔高的 1/3000，且不大于 30	经纬仪：纵横各检查 2 点	2
4	外轮廓尺寸(mm)	±20	尺量：每段检查 3 个断面	1
5	壁厚(mm)	±5	尺量：每段每侧面检查 1 处	1
6	预埋件位置(mm)	5	尺量：每件检查	1
7	索鞍底板面高程(mm)	+10，-0	水准仪或全站仪：每索鞍 1 处	1

3　外观鉴定

同本标准第8.10.1条3。

8.11.2　锚碇锚固系统制作

1　基本要求

1）所采用金属材料的力学性能及化学成分必须满足设计要求。

2）组成刚架杆件和锚杆、锚梁的元件加工尺寸和刚架的预拼装精度应符合设计和有关技术规范要求,并经监理工程师检查验收签字认可后,方可进行下一道工序。

3）在批量生产前,须按设计要求的抽样方法与频率,对拉杆、连接器进行破断拉力试验,试验结果应满足设计要求。

4）构件防护应符合设计要求。

2　实测项目

见表8.11.2-1和表8.11.2-2。

表8.11.2-1　预应力锚固系统制作实测项目

项次	检查项目		规定值或允许偏差	检查方法和频率	权值
1Δ	连接器	拉杆孔至锚固孔中心距(mm)	±0.5	游标卡尺:逐件检查	2
2		主要孔径(mm)	+1.0,-0.0	游标卡尺:逐件检查	2
3Δ		孔轴线与顶、底面的垂直度(°)	0.3	量具:逐件检查	3
4		底面平面度(mm)	0.08	量具:逐件检查	2
5		拉杆孔顶、底面的平行度(mm)	0.15	量具:逐件检查	2
6Δ	拉杆同轴度(mm)		0.04	量具:逐件检查	2

表8.11.2-2　刚架锚固系统制作实测项目

项次	检查项目	规定值或允许偏差	检查方法和频率	权值
1	刚架杆件长度(mm)	±2	尺量,每件检查	2
2	刚架杆件中心距(mm)	±2	尺量,每节间检查	1
3Δ	锚杆长度(mm)	±3	尺量,每件检查	3
4	锚梁长度(mm)	±3	尺量,每件检查	2
5Δ	连接	符合设计要求	超声或测力扳手:抽查30%	2

3　外观鉴定

杆件表面不得有擦痕。不符合要求时减1~5分。

8.11.3　锚碇锚固系统安装

1　基本要求

1）锚固系统必须有合格证书,经验收合格后方可安装。

2）施工放样方法须经监理工程师签字认可,并对测量仪器进行校正和标定。

3）锚固系统必须安装牢固,在浇筑混凝土时不扰动,不变位。混凝土达到设计规定的强度后，方可按规定程序进行张拉。

4）按设计要求进行防护处理。

2 实测项目

见表 8.11.3-1 至表 8.11.3-2。

表 8.11.3-1 预应力锚固系统安装实测项目

项次	检查项目	规定值或允许偏差	检查方法和频率	权值
1Δ	前锚面孔道中心坐标偏差(mm)	±10	全站仪：检查每孔道	1
2Δ	前锚面孔道角度(°)	±0.2	经纬仪或全站仪：每孔道检查	1
3Δ	拉杆轴线偏位(mm)	5	经纬仪或全站仪：每拉杆检查	1
4Δ	连接器轴线偏位(mm)	5	经纬仪或全站仪：每连接器检查	1

表 8.11.3-2 刚架锚固系统安装实测项目

项次	检查项目		规定值或允许偏差	检查方法和频率	权值
1	刚架中心线偏差(mm)		10	用经纬仪检查	1
2	刚架安装锚杆之平联高差(mm)		+5，-2	用水准仪检查	1
3Δ	锚杆偏位(mm)	纵	10	用经纬仪，每根检查	2
		横	5		
4	锚固点高程(mm)		±5	用水准仪，每根检查	2
5	后锚梁偏位(mm)		5	用经纬仪，每根检查	1
6	后锚梁高程(mm)		±5	用水准仪，每根检查	1

3 外观鉴定

表面清洁，防护完好。如发现损伤，应进行修复，并减 1～5 分。

8.11.4 锚碇混凝土块体

1 基本要求

1）混凝土所用的水泥、砂、石、水、外掺剂及混合材料的质量和规格必须符合有关规范的要求，按规定的配合比施工。

2）地基承载力必须满足设计要求。

3）锚体上、下层不得有错台。先后浇筑的混凝土层间预埋钢筋的规格、长度、数量、间距必须满足设计和施工技术规范的要求。

4）水化热产生的混凝土内最高温度及内外温差，必须控制在允许范围内。

5）不得出现空洞和露筋现象。

6）锚室不得积水、渗水。

2 实测项目

见表 8.11.4。

表 8.11.4　锚碇混凝土块体实测项目

项次	检查项目		规定值或允许偏差	检查方法和频率	权值
1△	混凝土强度(MPa)		在合格标准内	按附录 D 检查	3
2	轴线偏位(mm)	基础	20	经纬仪:逐个检查	2
		槽口	10		1
3△	断面尺寸(mm)		±30	尺量:检查 3~5 处	2
4	基底高程(mm)	土质	±50	水准仪或全站仪:测 8~10 处	1
		石质	+50,-200		
5	顶面高程(mm)		±20	水准仪或全站仪:测 8~10 处	1
6	预埋件位置(mm)		符合设计要求	尺量或经纬仪:每件	2
7	大面积平整度(mm)		8	2m 直尺:每 20 m^2 测 1 处×3 尺	1

3　外观鉴定

1）混凝土表面平整,施工缝平顺,颜色一致。不符合要求时,减 1~3 分。

2）混凝土表面不得出现蜂窝、麻面。不符合要求时应修整,并减 1~4 分。

3）混凝土表面出现非受力裂缝时,减 1~3 分。裂缝宽度超过设计规定或设计未规定时超过 0.15mm 必须处理。

8.11.5　预应力锚索的张拉与压浆

同本标准第 8.3.2 条,并应按设计规定进行张拉试验,满足要求后方可正式张拉。

8.11.6　悬索桥索鞍制作

1　基本要求

1）鞍槽铸钢件出厂前须出具质量合格证明书,其内容应有:制造厂名称代号、图号或件号(发运号)、炉号、化学成分、机械性能试验报告、无损检测报告,以及合同明确规定的其他内容。

2）鞍座钢板必须按有关标准逐张进行超声波探伤,成批钢板应按设计和有关规范规定的频率和方法抽样进行化学成分和机械性能试验。探伤和试验结果须合格后方可使用。

3）焊接材料必须采用经焊接工艺评定合格、并经验收符合要求的焊条、焊丝和焊剂,对所有焊缝应按设计要求进行无损探伤。探伤结果必须合格。

4）施焊前,应对母材、焊条及坡口形式、焊接质量等,按焊接规范和设计要求进行焊接工艺评定,实施的焊接工艺应经监理工程师签字认可。

5）铸钢件、钢板和焊缝经检测后如发现表面、内部有超标缺陷,必须按有关规范和设计要求的方法进行修补,修补后应检验合格,并作好修补记录备查。

6）出厂前必须先进行试拼装,各零部件应印有识别标记和定位标记,当符合要求并由监理签发合格证后方可发运到工地安装。产品在搬动运输和储存过程中应妥善保护,不得使任何零部件和涂装受到损伤和散失。

7）索鞍防护处理应符合设计要求。

2 实测项目

见表 8.11.6-1 和表 8.11.6-2。

表 8.11.6-1 主索鞍制作实测项目

项 次	检 查 项 目	规定值或允许偏差	检查方法和频率	权 值
1Δ	主要平面的平面度	0.08mm/1000mm 且 0.5mm/全平面	量具:检查每主要平面	1
2Δ	鞍座下平面对中心索槽竖直平面的垂直度偏差	≤2mm/全长	机床检查	2
3Δ	上、下承板平面的平行度	0.5mm/全平面	量具:检查上、下承板	1
4	对合竖直平面与鞍体下平面的垂直度偏差	<3mm/全长	百分表:检查每对合竖直平面	1
5	鞍座底面对中心索槽底的高度偏差(mm)	±2mm	机床检查	1
6Δ	鞍槽轮廓的圆弧半径偏差	±2mm/1000mm	数控机床检查	2
7Δ	各槽宽度、深度偏差(mm)	+1/全长及累积 误差+2	样板、游标卡尺/深度尺	1
8Δ	各槽对中心索槽的对称度(mm)	±0.5	数控机床检查	2
9	各槽曲线立面角度偏差(°)	≤±0.2	数控机床检查	1
10Δ	防护层厚度(μm)	不小于设计	测厚仪:每检测面 10 点	2

注:项次 1 主要平面包括:主索鞍的下平面、对合的竖直平面;上、下支承板的上下平面;中心索槽的竖直(基准)平面。

表 8.11.6-2 散索鞍制作实测项目

项 次	检 查 项 目	规定值或允许偏差	检查方法和频率	权 值
1Δ	平面度	0.08mm/1000mm 且 0.5mm/全平面	量具:检查摆轴平面、底板下平面、中心索槽竖直平面	1
2Δ	支承板平行度(mm)	<0.5	量具	1
3Δ	摆轴中心线与索槽中心平面的垂直度偏差(mm)	<3	机床检查	2
4	摆轴接合面到索槽底面的高度偏差(mm)	±2	直尺、拉尺	1
5Δ	鞍槽轮廓的圆弧半径偏差(mm)	±2/1000mm	数控机床检查	2
6Δ	各槽宽度、深度偏差(mm)	+1/全长及累积误差+2	样板、游标卡尺、深度尺	1
7Δ	各槽对中心索槽的对称度(mm)	0.5	数控机床检查	2
8	各槽曲线平面、立面角度偏差(°)	0.2	数控机床检查	1
9	加工后鞍槽底部及侧壁厚度偏差(mm)	±10	尺量:各不少于 3 处	1
10Δ	防护层厚度(μm)	不小于设计	测厚仪:每检测面 10 点	2

3　外观鉴定

1）鞍槽内加工表面和各隔板全部表面按规定要求进行防护处理时,防护层应均匀致密,无漏喷涂和附着不牢层,无未完全熔化大颗粒。不符合要求时减1~2分。

2）各外露不加工表面防护涂层平整光洁,均匀一致,无破损、气泡、裂纹、针孔、凹陷、麻点、流挂和皱皮等缺陷。不符合要求时减1~3分。

3）各孔、平面的加工表面应涂脂防锈。不符合要求时减1~3分。

8.11.7　索鞍安装

1　基本要求

1）索鞍成品必须按设计和有关技术规范要求验收合格,并有产品合格证,方可安装。

2）必须按设计和有关技术规范要求放置底板或格栅,并与底座混凝土连成整体。底座混凝土应振捣密实,强度符合设计要求。

3）安装前应进行全面检查,如有损伤,须做处理。索槽内部应清洁,不应沾上减少缆索和索鞍之间摩擦的油或油漆等材料。

4）索鞍就位后应锁定牢靠。

2　实测项目

见表8.11.7-1和表8.11.7-2。

表8.11.7-1　主索鞍安装实测项目

项　次	检 查 项 目		规定值或允许偏差	检查方法和频率	权　值
1△	最终偏位(mm)	顺桥向	符合设计要求	经纬仪或全站仪:每鞍测量	3
		横桥向	10		2
2△	高程(mm)		+20,-0	全站仪:每鞍测量1处	3
3	四角高差(mm)		2	水准仪或全站仪:每鞍测量四角	2

表8.11.7-2　散索鞍安装实测项目

项　次	检 查 项 目	规定值或允许偏差	检查方法和频率	权　值
1△	底板轴线纵、横向偏位(mm)	5	经纬仪:每鞍测量	3
2	底板中心高程(mm)	±5	水准仪:每鞍测量	2
3	底板扭转(mm)	2	经纬仪或全站仪:每鞍测量	2
4	安装基线扭转(mm)	1	经纬仪或全站仪:每鞍测量	1
5△	散索鞍竖向倾斜角	符合设计要求	经纬仪或全站仪:每鞍测量	2

3　外观鉴定

索鞍表面必须清洁,防护涂装完好无损。不符合要求时减1~4分,并须处理。

8.11.8　悬索桥索股和锚头的制作与防护

1　基本要求

1）索股和锚头钢材的化学成分和力学性能必须符合设计和有关技术规范的要求。

2）索股的锚杯和锚板必须逐件进行无破损探伤检测，合格后方可使用。

3）索股在成批生产前，必须按设计要求进行拉伸破坏试验，试验后锚头进行剖面检查，合格后方可生产。

4）索股钢丝应梳理顺直平行，长度一致，无交叉、鼓丝、扭转现象，严禁弯折；绑扎带牢固，索股上的标志点应齐全、准确，防护符合设计要求。

5）应对索股的上盘和放盘进行工艺试验。

6）运输和存贮过程中应保证索股不受损伤、污染和腐蚀。

2　实测项目

见表8.11.8。

表8.11.8　索股和锚头的制作与防护实测项目

项　次	检 查 项 目	规定值或允许偏差	检查方法和频率	权　值
1Δ	索股基准丝长度(mm)	基准丝长/15000	钢尺，测量每丝	3
2Δ	成品索股长度(mm)	索股长/10000	钢尺，每件检查	2
3Δ	热铸锚合金灌铸率(%)	>92	量测计算：每件检查	2
4	锚头顶压索股外移量(按规定顶压力，持荷5min)(mm)	符合设计要求	百分表：每件检查	1
5Δ	索股轴线与锚头端面垂直度(°)	±0.5	仪器量测：每件检查	2
6Δ	锚头表面涂层厚度(μm)	符合设计要求	测厚仪：每件检查	2

注：项次4外移量允许偏差应在扣除初始外移量之后进行测量。

3　外观鉴定

1）缠包带完好，钢丝防护无损伤，表面洁净。不符合要求时减1～3分。

2）锚头表面平滑，涂层完好，无锈迹。不符合要求时减1～3分。

8.11.9　主缆架设

1　基本要求

1）索股成品应有合格证，必须按设计和有关技术规范要求验收合格方可架设。

2）索股入鞍、入锚位置必须符合设计要求，架设时严禁索股弯折、扭转和散开。

3）索股锚固应与锚板正交，锚头锁定装置应牢固。

2　实测项目

见表8.11.9。

表8.11.9　主缆架设实测项目

项　次	检 查 项 目			规定值或允许偏差	检查方法和频率	权　值
1Δ	索股高程(mm)	基准	中跨跨中	±L/20000	全站仪：测量跨中	3
			边跨跨中	±L/10000		
			上、下游高差	10		2
		一般	相对于基准索股	0，+5	全站仪或专用卡尺：测跨中	2

续上表

项　次	检 查 项 目	规定值或允许偏差	检查方法和频率	权　值
2Δ	锚跨索股力偏差	符合设计要求	测力计:每索股检查	2
3Δ	主缆空隙率(%)	±2	量直径和周长后计算:测索夹处和两索夹间	2
4	主缆直径不圆度(%)	2	紧缆后横竖直径之差,与设计直径相比,测两索夹间	1

注:L 为中跨跨径。

3　外观鉴定

1）架设后索股钢丝平行顺直,无鼓丝,不重迭。不符合要求时应处理,并减 1～3 分。

2）索股顺直,不交叉,否则应进行处理。如有扭转现象,每处减 3～5 分。

3）索股钢丝镀锌层保护完好,表面洁净。不符合要求时减 1～3 分。

8.11.10　主缆防护

1　基本要求

1）防护前必须清除主缆钢丝表面的灰尘、油污和水分,保持干燥、干净。涂膏应均匀地填满主缆外侧钢丝与缠丝之间的间隙,涂膏性能必须符合设计要求。

2）缠丝前应对缠丝机进行标定。

3）缠绕钢丝应嵌进索夹端部留出的凹槽内不少于 3 圈,绕丝端部必须牢固地嵌入索夹端部槽内并予焊接固定,不得松动。

4）主缆防护的缆套安装,其各处密封性能必须良好。

2　实测项目

见表 8.11.10。

表 8.11.10　主缆防护实测项目

项　次	检 查 项 目	规定值或允许偏差	检查方法和频率	权　值
1	缠丝间距(mm)	1	插板:每两索夹间随机量测 1m 长	2
2Δ	缠丝张力(kN)	±0.3	标定检测:每盘抽查 1 处	2
3Δ	防护涂层厚度(μm)	符合设计要求	测厚仪:每 200m 测 1 点	3

3　外观鉴定

1）缠丝腻子应填满,并去除残留在裹覆层处的多余涂膏。不符合要求时减 1～3 分。

2）缠丝不重迭交叉,不符合要求时应进行处理,并减 1～3 分。

3）涂层应平滑,无凹凸不平,无破损和气孔,无流挂和漏涂等现象,保护完好,不符合要求时减 1～3 分。

8.11.11　悬索桥索夹制作与防护

1　基本要求

1）铸钢及螺杆材料的化学成分、力学性能必须符合设计和有关技术规范要求。

2）分批热处理的铸钢件和合金结构钢均必须按设计和有关技术规范要求进行验收，验收结果必须合格。

3）每一件加工成品(索夹和螺杆)都必须按设计要求和有关技术规范的规定进行无损探伤，检测结果须合格。每对索夹两半部分必须先进行试拼装，经过监理签发产品质量合格证后方可按编号包装运输到工地安装。运输和存放应按规定妥善保护好，不得使任何部件受到永久性损伤。

4）每一半索夹如有超标缺陷应按设计要求进行修补，但修补点不允许超过2个，同一修补点不允许修补2次。要求作好修补记录备查。

5）铸钢件加工面不得有气孔、砂眼等可见缺陷，如检查发现，必须按设计要求修补。

6）索夹与螺杆的螺母和垫圈的接触面，须与螺杆轴线相垂直，加工精度必须符合设计要求。

7）各表面防护处理应符合设计要求。

2 实测项目

见表8.11.11。

表8.11.11 索夹制作与防护实测项目

项 次	检 查 项 目	规定值或允许偏差	检查方法和频率	权 值
1	索夹内径偏差(mm)	±2	量具：每件检查	1
2	耳板销孔位置偏差(mm)	±1	量具：每件检查	2
3	耳板销孔内径偏差(mm)	+1，-0	量具：每件检查	2
4	螺杆孔直线度(mm)	≤L/500	量具：每件检查	2
5Δ	壁厚(mm)	符合设计要求	量具：每件检查	3
6Δ	索夹内壁喷锌厚度(μm)	不小于设计	测厚仪：每件检查	3

注：L-螺杆孔深度。

3 外观鉴定

1）索夹内外表面防护涂层完好，如有局部破损或锈蚀应进行处理，并每处减1～3分。

2）索夹螺杆丝口部分长度均匀，螺牙保护完好。不符合要求时减1～3分。

8.11.12 悬索桥吊索和锚头的制作与防护

1 基本要求

1）吊索、锚杯铸钢、锌铜合金及耳板锻钢等材料的化学成分和各项力学性能必须符合设计和有关技术规范要求。

2）吊索的锚杯和耳板必须逐件按设计要求进行无损探伤检测，检测结果须合格方可使用。

3）吊索、耳板的防护应符合设计要求。

4）必须按设计要求进行组装件拉伸破坏试验,试验结果符合要求后方可成批生产吊索和锚头。

5）吊索和锚头的装配成品必须有经监理工程师签认的产品质量合格证方能绕盘包装运输到工地进行架设,运输和存贮过程中应保证成品不受损伤。

6）吊索的下料及长度标记,应在设计要求的拉力下测量,在锚头附近必须同时设置长度标志点和方向标志点。

2　实测项目

见表8.11.12。

表8.11.12　吊索和锚头制作与防护实测项目

项　次	检查项目		规定值或允许偏差	检查方法和频率	权　值
1	吊索调整后长度(销孔之间)(mm)	≤5m	±1	尺量:检查每根	2
		>5m	±L/5000		
2	销轴直径偏差(mm)		+0,-0.15	量具:检查每个	1
3	叉形耳板销孔位置偏差(mm)		±5	量具:检查每个	1
4△	热铸锚合金灌注率(%)		>92	量具检测、计算:检查每个	2
5△	锚头顶压后吊索外移量(按规定顶压力,持荷5min)(mm)		符合设计要求	量具:检查每个	2
6△	吊索轴线与锚头端面垂直度(°)		≤0.5	量具:检查每个	2
7△	锚头喷锌厚度(μm)		符合设计要求	测厚仪:检查每个	2

注:①项次5顶压外移量允许偏差应在扣除初始外移量之后进行量测。

②L-吊索长度。

3　外观鉴定

1）防护涂层表面光滑、连续、均匀、致密,无锈迹。不符合要求时减1~2分。

2）吊索护套质地紧密,无气泡,厚度均匀,色泽一致。不符合要求时减1~3分。

8.11.13　索夹和吊索安装

1　基本要求

1）螺栓紧固设备应事先标定,按设计和有关技术规范要求分阶段检查螺杆中的拉力,并予补紧。

2）螺杆孔、上下索夹缝隙及其端部接合处和主缆缠丝处必须用合格的密封材料填实,确保螺杆被密封材料环绕并与主缆钢丝隔开。密封前螺杆孔里须清除水分,保持干燥。

3）锚头锁定装置须牢固。

4）工地涂装用防护材料必须符合设计和有关技术规范要求,涂装前索夹和锚头表面应按设计要求进行处理,达到要求后方可进行涂装防护施工。

2　实测项目

见表8.11.13。

表 8.11.13 索夹和吊索安装实测项目

项次	检查项目		规定值或允许偏差	检查方法和频率	权值
1	索夹偏位(mm)	纵向	10	全站仪和钢尺:每个	2
		横向	3	全站仪:每个	2
2△	上、下游吊点高差(mm)		20	水准仪:每个	3
3△	螺杆紧固力(kN)		符合设计要求	压力表读数:每个	3

3 外观鉴定

1) 索夹密封良好。不符合要求时应进行处理,并减 1~3 分。

2) 索夹螺栓端头长度均匀,螺牙保护完好。不符合要求时减 1~2 分。

3) 吊索顺直无扭转现象。不符合要求时减 3~5 分。

4) 吊索及索夹的防护完好,无划伤、擦痕、断裂、裂纹等缺陷。不符合要求时减 1~3 分,必要时应修补。

8.11.14 悬索桥钢加劲梁梁段制作

1 基本要求

同本标准第 8.9.1 条 1。

2 实测项目

钢箱梁段见表 8.11.14,钢桁节段见表 8.9.1-2。

表 8.11.14 钢箱梁段制作实测项目

项次	检查项目		规定值或允许偏差	检查方法和频率	权值
1	梁长(mm)		±2	钢尺:检查中心线及两侧	
2	梁段桥面板四角高差(mm)		4	水准仪:检查 4 角	1
3	风嘴直线度偏差(mm)		$L/2000$ 且≤6	拉线、尺量:检查各风嘴边缘	1
4△	端口尺寸	宽度(mm)	±4	钢尺:检查两端	1
		中心高(mm)	±2		1
		边高(mm)	±3		1
		横断面对角线差(mm)	≤4		1
5	吊点位置	吊点中心距桥中心线距离偏差(mm)	±1	钢尺:检查吊点断面	1
		同一梁段两侧吊点相对高差(mm)	±5	水准仪:逐对检查	1
		相邻梁段吊点中心距偏差(mm)	±2	钢尺:逐个量测	1
		同一梁段两侧吊点中心连接线与桥轴线垂直度误差(′)	±2	经纬仪:每段检查	1

续上表

<table>
<tr><th>项 次</th><th colspan="2">检 查 项 目</th><th>规定值或允许偏差</th><th>检查方法和频率</th><th>权 值</th></tr>
<tr><td rowspan="3">6Δ</td><td rowspan="3">梁段匹配性</td><td>纵桥向中心线偏差(mm)</td><td>1</td><td>钢尺:每段检查</td><td>2</td></tr>
<tr><td>顶、底、腹板对接间隙(mm)</td><td>+3,-1</td><td>钢尺:检查各对接断面</td><td>2</td></tr>
<tr><td>顶、底、腹板对接错边(mm)</td><td>2</td><td>钢尺、水平仪:检查各对接断面</td><td>1</td></tr>
<tr><td rowspan="2">7Δ</td><td rowspan="2">焊缝</td><td>焊缝尺寸</td><td rowspan="2">符合设计要求</td><td>量规:检查全部</td><td>2</td></tr>
<tr><td>探伤</td><td>超声:检查全部;
射线:按设计规定,设计未规定时按 10%抽查</td><td>3</td></tr>
</table>

注:L-量测长度。

3　外观鉴定

同本标准第 8.9.1 条 3。

8.11.15　悬索桥钢加劲梁段防护和工地防护

同本标准第 8.9.2 条。

8.11.16　悬索桥钢加劲梁安装

1　基本要求

同本标准第 8.9.3 条 1,并须按设计规定的阶段,将主索鞍顶推至规定位置。

2　实测项目

见表 8.11.16。

表 8.11.16　钢加劲梁安装实测项目

<table>
<tr><th>项 次</th><th colspan="2">检 查 项 目</th><th>规定值或允许偏差</th><th>检查方法和频率</th><th>权 值</th></tr>
<tr><td>1</td><td colspan="2">吊点偏位(mm)</td><td>20</td><td>全站仪:检查每吊点</td><td>1</td></tr>
<tr><td>2</td><td colspan="2">同一梁段两侧对称吊点处梁顶高差(mm)</td><td>20</td><td>水准仪:检查每吊点处</td><td>1</td></tr>
<tr><td>3Δ</td><td colspan="2">相邻节段匹配高差(mm)</td><td>2</td><td>尺量:每段</td><td>2</td></tr>
<tr><td rowspan="3">4Δ</td><td rowspan="3">连接</td><td>焊缝尺寸</td><td rowspan="2">符合设计要求</td><td>量规:检查全部</td><td>2</td></tr>
<tr><td>焊缝探伤</td><td>超声:检查全部;
射线:按设计规定,设计未规定时按 10%抽查</td><td rowspan="2">3</td></tr>
<tr><td>高强螺栓扭矩</td><td>10%</td><td>测力扳手:检查 5%,且不少于 2 个</td></tr>
</table>

3　外观鉴定

1) 线形平顺,无明显折变。不符合要求时减 1~3 分。

2) 焊缝均应平滑,无裂纹、未溶合、夹渣、未填满弧坑、焊瘤等外观缺陷。不符合要求时,每处减 0.5~2 分,并须处理。

8.12 桥面系和附属工程

8.12.1 桥面防水层

1 基本要求

1）防水层铺设材料的规格和性能，以及防水层的不透水性应符合设计要求，并至少应有不低于桥面沥青混凝土铺装层使用年限的寿命，能适应动荷载及混凝土桥面开裂时不损坏的特点。

2）防水层施工前，混凝土表面应清除垃圾、杂物、油污与浮浆，并保持干净和干燥。

3）应严格按规定的工艺施工。

4）预计涂料表面在干燥前会下雨，则不应施工。施工过程中，严禁踩踏未干的防水层。防水层养护结束后、桥面铺装完成前，行驶车辆不得在其上急转弯或紧急制动。

2 实测项目

见表 8.12.1。

表 8.12.1 防水层实测项目

项 次	检 查 项 目	规定值或允许偏差	检查方法和频率	权 值
1△	防水涂膜厚度(mm)	符合设计规定，设计未规定时，±0.1	测厚仪：每 200m² 测 4 点或按材料用量推算	1
2△	粘结强度(MPa)	不小于设计要求，且 ≥0.3（常温），≥0.2（气温≥35℃）	拉拔仪：每 200m² 测 4 点（拉拔速度：10mm/min）	1
3△	抗剪强度(MPa)	不小于设计要求，且 ≥0.4（常温），≥0.3（气温≥35℃）	剪切仪：1 组 3 个（剪切速度：10mm/min）	1
4△	剥离强度(N/mm)	不小于设计要求，且 ≥0.3（常温），≥0.2（气温≥35℃）	90°剥离仪：1 组 3 个（剥离速度：100mm/min）	1

注：剥离强度仅适用于卷材类或加胎体涂膜类防水层。

3 外观鉴定

1）防水涂料应覆盖整个混凝土表面，如有遗漏，必须进行处理，并减 1～3 分。

2）防水层应表面平整，无空鼓、脱落、翘边等缺陷。不符合要求时必须进行处理，并减 3～5 分。

8.12.2 桥面铺装

1 基本要求

1）水泥混凝土桥面的基本要求同水泥混凝土路面，沥青混凝土桥面的基本要求同沥青混凝土路面。

2）桥面泄水孔进水口的布置应有利于桥面和渗入水的排除，其数量不得少于设计要求，出水口不得使水直接冲刷桥体。

2 实测项目

见表 8.12.2-1 和表 8.12.2-2。

表 8.12.2-1　桥面铺装实测项目

<table>
<tr><th>项　次</th><th colspan="3">检 查 项 目</th><th colspan="2">规定值或允许偏差</th><th>检查方法和频率</th><th>权　值</th></tr>
<tr><td>1Δ</td><td colspan="3">强度或压实度</td><td colspan="2">在合格标准内</td><td>按附录 B 或 D 检查</td><td>3</td></tr>
<tr><td>2Δ</td><td colspan="3">厚度(mm)</td><td colspan="2">+10,−5</td><td>以同梁体产生相同下挠变形的点为基准点,测量桥面浇筑前后相对高差:每 100m 测 5 处</td><td>2</td></tr>
<tr><td rowspan="6">3Δ</td><td rowspan="6">平整度</td><td rowspan="3">高速、一级公路</td><td></td><td>沥青混凝土</td><td>水泥混凝土</td><td rowspan="5">平整度仪:全桥每车道连续检测,每 100m 计算 IRI 或 σ</td><td rowspan="6">2</td></tr>
<tr><td>IRI(m/km)</td><td>2.5</td><td>3.0</td></tr>
<tr><td>σ(mm)</td><td>1.5</td><td>1.8</td></tr>
<tr><td rowspan="3">其他公路</td><td>IRI(m/km)</td><td colspan="2">4.2</td></tr>
<tr><td>σ(mm)</td><td colspan="2">2.5</td></tr>
<tr><td>最大间隙 h(mm)</td><td colspan="2">5</td><td>3m 直尺:每 100m 测 3 处×3 尺</td></tr>
<tr><td rowspan="2">4</td><td rowspan="2" colspan="2">横坡(%)</td><td>水泥混凝土</td><td colspan="2">±0.15</td><td rowspan="2">水准仪:每 100m 检查 3 个断面</td><td rowspan="2">1</td></tr>
<tr><td>沥青面层</td><td colspan="2">±0.3</td></tr>
<tr><td>5</td><td colspan="3">抗滑构造深度</td><td colspan="2">符合设计要求</td><td>砂铺法:每 200m 查 3 处</td><td>1</td></tr>
</table>

注:①桥长不足 100m 者,按 100m 处理。

②对高速公路、一级公路上的小桥(中桥视情况)可并入路面进行评定。

表 8.12.2-2　复合桥面水泥混凝土铺装实测项目

项　次	检 查 项 目	规定值或允许偏差	检查方法和频率	权　值
1Δ	混凝土强度(MPa)	在合格标准内	按附录 D 检查	3
2Δ	厚度(mm)	+10,−5	对比桥面浇筑前后标高检查:每 100m 查 5 处	2
3Δ	平整度(mm)	5	3m 直尺:每 100m 测 3 处×3 尺	2
4	横坡(%)	±0.15	水准仪:每 100m 检查 3 个断面	1

注:复合桥面的沥青混凝土面层按表 8.12.2-1 评定。

3　外观鉴定

桥面排水良好。不符合要求时减 3～5 分。

8.12.3　钢桥面板上防水粘结层

1　基本要求

1)防水粘结材料的质量和技术性能应符合设计和有关技术规范的要求。

2)在钢箱梁架设完毕后,应对桥面锈蚀部分进行处理,将现场焊缝及其相邻部分进行防护,并对桥面所有防护层表面进行清洗,去除灰尘、油污和其他污物,方可进行防腐喷涂或防水粘结层施工。

3)当桥面潮湿或环境温度低于露点时,严禁洒布粘结层。

4)严格控制防水粘结层材料的加热温度和洒布温度。

2　实测项目

见表 8.12.3。

表 8.12.3　钢桥面板上防水粘结层实测项目

项　次	检 查 项 目	规定值或允许偏差	检查方法和频率	权　值
1	钢桥面板清洁度	符合设计要求	比照板目测:全部	1
2Δ	粘结层厚度(mm)	符合设计要求	测厚仪:每洒布段检查 6 点	2
3Δ	粘结层与钢板底漆间结合力(MPa)	不小于设计	拉拔仪:每洒布段检查 6 点	3
4Δ	防水层厚度(mm)	符合设计要求	测厚仪:每洒布段检查 6 点	2

3　外观鉴定

1）防水粘结层的洒布应厚度均匀。不符合要求时减 1～5 分。

2）防水粘结层应平整、密实,无破损、气孔和起皱现象,不得有油污和其他污染现象。不符合要求时减 1～3 分。

8.12.4　钢桥面板上沥青混凝土铺装

1　基本要求

1）沥青混合料的矿料质量及矿料级配应符合设计要求和施工规范的规定。

2）沥青材料及混合料的各项指标应符合设计和施工规范的要求,对每日生产的沥青混合料应做抽提试验(包括马歇尔稳定度试验)。

3）严格控制各种矿料和沥青用量及各种材料和沥青混合料的加热温度,碾压温度应符合要求。

4）拌和后的沥青混合料应均匀一致,无花白、粗细料分离和结团成块现象。

5）桥面泄水孔进水口的布置应有利于桥面和渗入水的排除,其数量不得少于设计要求,出水口不得使水直接冲刷桥体。

2　实测项目

见表 8.12.4。

表 8.12.4　钢桥面板上沥青混凝土铺装实测项目

项　次	检 查 项 目			规定值或允许偏差	检查方法和频率	权　值
1Δ	压实度			符合设计要求	按碾压吨位与遍数检查	3
2Δ	平整度	高速、一级公路	IRI(m/km)	2.5	平整度仪:全桥每车道连续检测,每 100m 计算 IRI 或 σ	2
			σ(mm)	1.5		
		其他公路	IRI(m/km)	4.2		
			σ(mm)	2.5		
			最大间隙 h(mm)	5	3m 直尺,每 100m 测 3 处×3 尺	
3Δ	平均厚度(mm)			+0,-5	按沥青混凝土实际用量推算	3
4	抗滑构造深度(mm)			符合设计要求	砂铺法:每 200m 查 1 处	1
5	横坡(%)			±0.3	水准仪:每 200m 测 4 个断面	1

3　外观鉴定

1）表面应平整密实,不应有泛油、裂缝、粗细料集中等现象。有上述缺陷的面积(单条裂缝则按其长度乘以 0.2m 宽度,折算成面积)之和不得超过受检面积的 0.03%。不符合要求时,每超过 0.03%减 2 分。

2）表面无明显碾压轮迹。不符合要求时,每处减 1 ~ 3 分。

3）搭接处应紧密、平顺。不符合要求时,累计每 10m 长减 1 分。

4）面层与其他构筑物应接顺,不得有积水现象。不符合要求时,每处减 1 ~ 2 分。

8.12.5　支座垫石和挡块

1　基本要求

1）混凝土所用的水泥、砂、石、水、外掺剂及混合材料的质量和规格必须符合有关技术规范的要求,按规定的配合比施工。

2）支座垫石不得出现露筋、空洞、蜂窝、麻面现象及任何裂缝。

2　实测项目

见表 8.12.5-1 和表 8.12.5-2。

表 8.12.5-1　支座垫石实测项目

项　次	检 查 项 目	规定值或允许偏差	检查方法和频率	权　值
1△	混凝土强度(MPa)	在合格标准内	按附录 D 检查	3
2△	轴线偏位(mm)	5	全站仪或经纬仪:支座垫石纵横方向检查	2
3	断面尺寸(mm)	±5	尺量:检查 1 个断面	2
4△	顶面高程(mm)	±2	水准仪:检查中心及四角	2
	顶面四角高差(mm)	1		
5	预埋件位置(mm)	5	尺量:每件	1

表 8.12.5-2　挡 块 实 测 项 目

项　次	检 查 项 目	规定值或允许偏差	检查方法和频率	权　值
1△	混凝土强度(MPa)	在合格标准内	按附录 D 检查	3
2	平面位置 (mm)	5	全站仪或经纬仪:每块检查	2
3	断面尺寸(mm)	±10	尺量,每块检查 1 个断面	2
4	顶面高程(mm)	±10	水准仪:每块检查 1 处	1
5	与梁体间隙(mm)	±5	尺量:每块检查	1

3　外观鉴定

1）混凝土表面平整、光洁,棱角线平直。不符合要求时减 1 ~ 3 分。

2）挡块如出现蜂窝、麻面,必须进行修整,并减 1 ~ 4 分。

3）挡块出现非受力裂缝时减 1 ~ 3 分,裂缝宽度超过设计规定或设计未规定时超过 0.15mm 必须处理。

8.12.6 支座安装

1 基本要求

1）支座的材料、质量和规格必须满足设计和有关规范的要求，经验收合格后方可安装。

2）支座底板调平砂浆性能应符合设计要求，灌注密实，不得留有空洞。

3）支座上下各部件纵轴线必须对正。当安装时温度与设计要求不同时，应通过计算设置支座顺桥向预偏量。

4）支座不得发生偏歪、不均匀受力和脱空现象。滑动面上的四氟滑板和不锈钢板不得有划痕、碰伤等，位置正确，安装前必须涂上硅脂油。

2 实测项目

见表 8.12.6。

表 8.12.6 支座安装实测项目

<table>
<tr><th>项 次</th><th colspan="2">检 查 项 目</th><th>规定值或允许偏差</th><th>检查方法和频率</th><th>权 值</th></tr>
<tr><td>1△</td><td colspan="2">支座中心与主梁中心线偏位(mm)</td><td>2</td><td>经纬仪、钢尺：每支座</td><td>3</td></tr>
<tr><td>2</td><td colspan="2">支座顺桥向偏位(mm)</td><td>10</td><td>经纬仪或拉线检查：每支座</td><td>2</td></tr>
<tr><td>3△</td><td colspan="2">支座高程(mm)</td><td>按设计规定；设计未规定时，±5</td><td>水准仪：每支座</td><td>3</td></tr>
<tr><td rowspan="2">4</td><td rowspan="2">支座四角高差(mm)</td><td>承压力≤500kN</td><td>1</td><td rowspan="2">水准仪：每支座</td><td rowspan="2">2</td></tr>
<tr><td>承压力>500kN</td><td>2</td></tr>
</table>

3 外观鉴定

支座表面应保持清洁，支座附近的杂物及灰尘应清除。不符合要求时必须进行处理，并减 1~3 分。

8.12.7 斜拉桥、悬索桥的支座安装

1 基本要求

1）支座的材料、质量和规格必须满足设计和有关技术规范的要求，支座垫石应检验合格。

2）支座成品必须有产品合格证。

3）支座成品必须按设计和有关技术规范的规定进行试验和检测，其结果必须满足要求。

4）支座底板调平砂浆性能应符合设计要求，灌注密实，不得留有空洞。

5）当安装时温度与设计要求不同时，应通过计算设置支座顺桥向预偏量。

6）支座不得发生偏歪、不均匀受力和脱空现象。滑动面上的四氟滑板和不锈钢板不得刮伤，安装前必须涂上硅脂油。

2 实测项目

见表 8.12.7。

表 8.12.7　斜拉桥、悬索桥的支座安装实测项目

项　次	检 查 项 目	规定值或允许偏差	检查方法和频率	权　值
1Δ	竖向支座的纵、横向偏位(mm)	5	经纬仪:每支座测量	3
2Δ	支座高程(mm)	±10	水准仪:每支座测量	3
3	竖向支座垫石钢板水平度(mm)	2	水平仪、钢尺:每支座测量	2
4	竖向支座滑板中线与桥轴线平行度	1/1000	全站仪或经纬仪:每支座测量	2
5	横向抗风支座支挡垂直度(mm)	≤1	水平仪、钢尺:每支座测量	2
6	横向抗风支座支挡表面平行度(mm)	≤1	水平仪、钢尺:每支座测量	2
7	支挡表面与横向抗风支座表面间距(mm)	2	卡尺:每支座测量	2

3　外观鉴定

1）支座安装后应及时清理,清除支座附近的杂物及灰尘等。不符合要求时减 3～5 分。

2）防尘防污装置完好,安装正确。不符合要求时减 1～3 分,并应处理。

3）漆膜如有损伤,应进行处理,并减 1～3 分。

8.12.8　伸缩缝安装

1　基本要求

1）伸缩缝必须满足设计和有关技术规范的要求,须有合格证,并经验收合格后方可安装。

2）伸缩缝必须锚固牢靠,伸缩性能必须有效。

3）伸缩缝两侧混凝土的类型和强度,必须符合设计要求。

4）大型伸缩缝与钢梁连接处的焊缝应做超声检测,检测结果须合格。

5）伸缩缝处不得积水。

2　实测项目

见表 8.12.8。

表 8.12.8　伸缩缝安装实测项目

项　次	检 查 项 目	规定值或允许偏差		检查方法和频率	权　值
1	长度(mm)	符合设计要求		尺量:每道	2
2Δ	缝宽(mm)	符合设计要求		尺量:每道 2 处	3
3Δ	与桥面高差(mm)	2		尺量:每侧 3～7 处	3
4	纵坡(%)	一般	±0.5	水准仪:测量纵向锚固混凝土端部 3 处	2
		大型	±0.2	水准仪:沿纵向测伸缩缝两侧 3 处	
5	横向平整度(mm)	3		3m 直尺:每道	1

注:项次 2 应按安装时气温折算。

3　外观鉴定

伸缩缝无阻塞、渗漏、变形、开裂现象。不符合要求时必须进行整修,并减 1 ~ 3 分。

8.12.9 混凝土小型构件预制

1 基本要求

1) 所用的水泥、砂、石、水和外掺剂的质量和规格必须符合有关规范的要求,按规定的配合比施工。

2) 不得出现露筋和空洞现象。

2 实测项目

见表 8.12.9。

表 8.12.9 混凝土小型构件实测项目

<table>
<tr><th>项 次</th><th colspan="2">检 查 项 目</th><th>规定值或允许偏差</th><th colspan="2">检查方法和频率</th><th>权 值</th></tr>
<tr><td>1△</td><td colspan="2">混凝土强度(MPa)</td><td>在合格标准内</td><td colspan="2">按附录 D 检查</td><td>3</td></tr>
<tr><td rowspan="2">2△</td><td rowspan="2">断面尺寸(mm)</td><td>≤80</td><td>±5</td><td rowspan="2">尺量:2 处</td><td rowspan="3">按构件总数的 30%</td><td rowspan="2">2</td></tr>
<tr><td>>80</td><td>±10</td></tr>
<tr><td>3</td><td colspan="2">长度(mm)</td><td>+5, -10</td><td>尺量</td><td>1</td></tr>
</table>

3 外观鉴定

1) 构件外形轮廓清晰,线条直顺,不得有翘曲现象。不符合要求时减 1 ~ 3 分。

2) 混凝土表面平整,无蜂窝,颜色一致。不符合要求时减 1 ~ 3 分。

8.12.10 人行道铺设

1 基本要求

1) 悬臂式人行道必须在横向与主梁牢固连结。

2) 人行道板必须在人行道梁锚固后方可铺设。

2 实测项目

见表 8.12.10。

表 8.12.10 人行道铺设实测项目

项 次	检 查 项 目	规定值或允许偏差	检查方法和频率	权 值
1	人行道边缘平面偏位(mm)	5	经纬仪、钢尺拉线检查:每 30m 检查 1 处	3
2	纵向高程(mm)	+10, -0	水准仪:每 100m 检查 3 处	2
3	接缝两侧高差(mm)	2	水准仪:抽查 10%	2
4	横坡(%)	±0.3	水准仪:每 100m 检查 3 处	2
5	平整度(mm)	5	3m 直尺:每 100m 检查 3 处	1

注:桥长不足 100m 者,按 100m 处理。

3 外观鉴定

人行道构件连接牢固、密贴,线形直顺,表面平整。不符合要求时减 1 ~ 3 分。

8.12.11　栏杆安装

1　基本要求

1）栏杆杆件不得有弯曲或断裂现象。

2）栏杆必须在人行道板铺完后方可安装。

3）栏杆安装必须牢固,其杆件连接处的填缝料必须饱满平整,强度应满足设计要求。

2　实测项目

见表 8.12.11。

表 8.12.11　栏杆安装实测项目

项　次	检 查 项 目	规定值或允许偏差	检查方法和频率	权　值
1	栏杆平面偏位(mm)	4	经纬仪、钢尺拉线检查:每 30m 检查 1 处	3
2	扶手高度(mm)	±10	水准仪:抽查 20%	3
	柱顶高差(mm)	4		
3	接缝两侧扶手高差(mm)	3	尺量:抽查 20%	2
4	竖杆或柱纵横向竖直度(mm)	4	吊垂线:抽查 20%	2

3　外观鉴定

1）栏杆安装应直顺美观。不符合要求时减 1~3 分。

2）杆件接缝处应无开裂现象。不符合要求时减 1~3 分。

8.12.12　混凝土防撞护栏

1　基本要求

1）所用的水泥、砂、石、水和外掺剂的质量和规格必须符合有关规范的要求,按规定的配合比施工。

2）不得出现露筋和空洞现象。

3）防撞护栏上的钢构件应焊接牢固,焊缝应满足设计和有关规范的要求,并按设计要求进行防护。

2　实测项目

见表 8.12.12。

表 8.12.12　混凝土防撞护栏浇筑实测项目

项　次	检 查 项 目	规定值或允许偏差	检查方法和频率	权　值
1Δ	混凝土强度(MPa)	在合格标准内	按附录 D 检查	3
2	平面偏位(mm)	4	经纬仪、钢尺拉线检查:每 100m 检查 3 处	2
3Δ	断面尺寸(mm)	±5	尺量,每 100m 每侧检查 3 处	2
4	竖直度(mm)	4	吊垂线:每 100m 每侧检查 3 处	1
5	预埋件位置(mm)	5	尺量:每件	1

3　外观鉴定

1）防撞护栏线形直顺美观。不符合要求时减 1 ~ 3 分。

2）混凝土表面应平整，不应出现蜂窝、麻面。如出现必须修整完好，并减 1 ~ 4 分。

3）防撞护栏浇筑节段间应平滑顺接，不符合要求时减 1 ~ 3 分。

8.12.13　桥头搭板

1　基本要求

1）所用的水泥、砂、石、水和外掺剂的质量和规格必须符合有关规范的要求，按规定的配合比施工。

2）桥头搭板下的地基及垫层或路面基层的强度和压实度必须满足设计要求。

3）不得出现露筋和空洞现象。

2　实测项目

见表 8.12.13。

表 8.12.13　桥头搭板实测项目

项　次	检 查 项 目		规定值或允许偏差	检查方法和频率	权　值
1Δ	混凝土强度(MPa)		在合格标准内	按附录 D 检查	3
2	枕梁尺寸(mm)	宽、高	± 20	尺量，每梁检查 2 个断面	1
		长	± 30	尺量：检查每梁	
3	板尺寸(mm)	长、宽	± 30	尺量：各检查 2 ~ 4 处	1
		厚	± 10	尺量：检查 4 ~ 8 处	2
4	顶面高程(mm)		± 2	水准仪：测量 5 处	2
5	板顶纵坡(%)		0.3	水准仪：测量 3 ~ 5 处	1

3　外观鉴定

1）板的表面应平整。不符合要求时减 1 ~ 3 分。

2）板的边缘应顺直。不符合要求时减 1 ~ 2 分。

9　涵洞工程

9.1　一般规定

9.1.1　每道涵洞为一个子分部工程,包含洞身各部分构件、洞口等分项工程。

9.1.2　跨径或全长符合涵洞标准的通道,按本章的规定进行评定。

9.1.3　带有急流槽的涵洞,急流槽作为涵洞的一个分项工程,按本标准第6.10节评定。

9.1.4　钢筋混凝土涵洞除按本章规定评定外,还应包括钢筋加工及安装分项工程。

9.1.5　明涵的铺装可按本标准第8.12节的有关规定评定。

9.1.6　涵台若设桩基础,按本标准第8.5.2或8.5.3条评定。

9.2　涵洞总体

9.2.1　基本要求

1）涵洞施工应严格按照设计图纸、施工规范和有关技术操作规程要求进行。

2）各接缝、沉降缝位置正确,填缝无空鼓、开裂、漏水现象;若有预制构件,其接缝应与沉降缝吻合。

3）涵洞内不得遗留建筑垃圾、杂物等。

9.2.2　实测项目

见表9.2.2。

表9.2.2　涵洞总体实测项目

项　次	检 查 项 目	规定值或允许偏差	检查方法和频率	权　值
1	轴线偏位(mm)	明涵20,暗涵50	经纬仪:检查2处	2
2△	流水面高程(mm)	±20	水准仪、尺量:检查洞口2处,拉线检查中间1~2处	3
3	涵底铺砌厚度(mm)	+40,-10	尺量:检查3~5处	1

续上表

项　次	检 查 项 目	规定值或允许偏差	检查方法和频率	权　值
4	长度（mm）	+100，-50	尺量:检查中心线	1
5Δ	孔径(mm)	±20	尺量:检查3~5处	3
6	净高(mm)	明涵±20,暗涵±50	尺量:检查3~5处	1

注:实际工程无项次3时,该项不参与评定。

9.2.3　外观鉴定

1）洞身顺直,进出口、洞身、沟槽等衔接平顺,无阻水现象。不符合要求时减1~3分。

2）帽石、一字墙或八字墙等应平直,与路线边坡、线形匹配,棱角分明。不符合要求时减1~3分。

3）涵洞处路面平顺,无跳车现象。不符合要求时减2~4分。

4）外露混凝土表面平整,颜色一致。不符合要求时减1~3分。

9.3　涵台

9.3.1　基本要求

1）所用的水泥、砂、石、水、外掺剂、混合材料的质量和规格必须符合有关技术规范的要求,按规定的配合比施工。

2）地基承载力及基础埋置深度须满足设计要求。

3）混凝土不得出现露筋和空洞现象。

4）砌块应错缝、坐浆挤紧,嵌缝料和砂浆饱满,无空洞、宽缝、大堆砂浆填隙和假缝。

9.3.2　实测项目

见表9.3.2。

表9.3.2　涵台实测项目

项　次	检 查 项 目		规定值或允许偏差	检查方法和频率	权　值
1Δ	混凝土或砂浆强度(MPa)		在合格标准内	按附录D或F检查	3
2	涵台断面尺寸(mm)	片石砌体	±20	尺量:检查3~5处	1
		混凝土	±15		
3	竖直度或斜度(mm)		0.3%台高	吊垂线或经纬仪:测量2处	1
4Δ	顶面高程(mm)		±10	水准仪:测量3处	2

9.3.3　外观鉴定

1）涵台线条顺直,表面平整。不符合要求时减1~3分。

2）蜂窝、麻面面积不得超过该面面积的0.5%。不符合要求时,每超过0.5%减3分;深度超过10mm者必须处理。

3）砌缝匀称,勾缝平顺,无开裂和脱落现象。不符合要求时减 1 ~ 3 分。

9.4 涵管制作

预制涵管按本标准第 5 章 5.2 节评定。

9.5 管座及涵管安装

9.5.1 基本要求

1）涵管必须检验合格方可安装。

2）地基承载力须满足设计要求,涵管与管座、垫层或地基紧密贴合,垫稳坐实。

3）接缝填料嵌填密实,接缝表面平整,无间断、裂缝、空鼓现象。

4）每节管底坡度均不得出现反坡。

5）管座沉降缝应与涵管接头平齐,无错位现象。

6）要求防渗漏的倒虹吸涵管须做渗漏试验,渗漏量应满足要求。

9.5.2 实测项目

见表 9.5.2。

表 9.5.2　管座及涵管安装实测项目

项　次	检 查 项 目		规定值或允许偏差	检查方法和频率	权　值
1△	管座或垫层混凝土强度		在合格标准内	按附录 D 检查	3
2	管座或垫层宽度、厚度		≥设计值	尺量:抽查 3 个断面	2
3	相邻管节底面错台(mm)	管径≤1m	3	尺量:检查 3 ~ 5 个接头	2
		管径 > 1m	5		

9.5.3 外观鉴定

管壁顺直,接缝平整,填缝饱满。不符合要求时减 1 ~ 3 分。

9.6 盖板制作

9.6.1 基本要求

1）混凝土所用的水泥、砂、石、水、外掺剂及拌和料的质量和规格必须符合有关技术规范要求,按规定的配合比施工。

2）分块施工时接缝应与沉降缝吻合。

3）板体不得出现露筋和空洞现象。

9.6.2 实测项目

见表9.6.2。

表9.6.2　盖板制作实测项目

<table>
<tr><th>项　次</th><th colspan="2">检 查 项 目</th><th>规定值或允许偏差</th><th>检查方法和频率</th><th>权　值</th></tr>
<tr><td>1△</td><td colspan="2">混凝土强度(MPa)</td><td>在合格标准内</td><td>按附录D检查</td><td>3</td></tr>
<tr><td rowspan="2">2△</td><td rowspan="2">高度(mm)</td><td>明涵</td><td>+10,-0</td><td rowspan="4">尺量:抽查30%的板,每板检查3个断面</td><td rowspan="2">2</td></tr>
<tr><td>暗涵</td><td>不小于设计值</td></tr>
<tr><td rowspan="2">3</td><td rowspan="2">宽度(mm)</td><td>现浇</td><td>±20</td><td rowspan="2">1</td></tr>
<tr><td>预制</td><td>±10</td></tr>
<tr><td>4</td><td colspan="2">长度(mm)</td><td>+20,-10</td><td>尺量:抽查30%的板,每板检查两侧</td><td>1</td></tr>
</table>

9.6.3　外观鉴定

1）混凝土表面平整,棱线顺直,无严重啃边、掉角。不符合要求时1~2分。

2）蜂窝、麻面面积不得超过该面面积的0.5%。不符合要求时,每超过0.5%减3分;深度超过10mm者必须处理。

3）混凝土表面出现非受力裂缝,减1~3分;裂缝宽度超过设计规定或设计未规定时超过0.15mm必须处理。

9.7　盖板安装

9.7.1　基本要求

1）安装前,盖板、涵台、墩及支承面检验必须合格。

2）盖板就位后,板与支承面须密合,否则应重新安装。

3）板与板之间接缝填充材料的规格和强度应符合设计要求,并与沉降缝吻合。

9.7.2　实测项目

见表9.7.2。

表9.7.2　盖板安装实测项目

项　次	检 查 项 目	规定值或允许偏差	检查方法和频率	权　值
1	支承面中心偏位(mm)	10	尺量:每孔抽查4~6个	2
2	相邻板最大高差(mm)	10	尺量:抽查20%	1

9.7.3　外观鉴定

板的填缝应平整密实。不符合要求时减1~2分。

9.8　箱涵浇筑

9.8.1　基本要求

1）混凝土所用的水泥、砂、石、水、外掺剂及混合材料的质量和规格必须符合有关技术规范的要求，按规定的配合比施工。

2）地基承载力及基础埋置深度须满足设计要求。

3）箱体不得出现露筋和空洞现象。

9.8.2 实测项目

见表 9.8.2。

表 9.8.2 箱涵浇筑实测项目

项次	检查项目		规定值或允许偏差	检查方法和频率	权值
1△	混凝土强度(MPa)		在合格标准内	按附录 D 检查	3
2	高度(mm)		+5，-10	尺量：检查 3 个断面	1
3	宽度(mm)		±30		1
4△	顶板厚(mm)	明涵	+10，-0	尺量：检查 3～5 处	2
		暗涵	不小于设计值		
5	侧墙和底板厚(mm)		不小于设计值	尺量：检查 3～5 处	1
6	平整度(mm)		5	2m 直尺：每 10m 检查 2 处×3 尺	1

9.8.3 外观鉴定

同本标准第 9.6.3 条规定。

9.9 拱涵浇(砌)筑

9.9.1 基本要求

同本标准第 9.3.1 条。

9.9.2 实测项目

见表 9.9.2。

表 9.9.2 拱涵浇(砌)筑实测项目

项次	检查项目		规定值或允许偏差	检查方法和频率	权值
1△	混凝土或砂浆强度(MPa)		在合格标准内	按附录 D 或 F 检查	3
2△	拱圈厚度(mm)	砌体	±20	尺量：检查拱顶、拱脚 3 处	2
		混凝土	±15		
3	内弧线偏离设计弧线(mm)		±20	样板：检查拱顶、1/4 跨 3 处	1

9.9.3 外观鉴定

1）线形圆顺，表面平整。不符合要求时减 1～3 分。

2）混凝土蜂窝、麻面面积不得超过该面面积的 0.5%。不符合要求时，每超过 0.5%

减3分;深度超过10mm者必须处理。

3）砌缝匀称,勾缝平顺,无开裂和脱落现象。不符合要求时减1~3分。

9.10 倒虹吸竖井、集水井砌筑

9.10.1 基本要求

1）砌块的质量和规格应符合设计要求,砌筑砂浆所用材料应符合规范要求。

2）井基应符合设计要求。

3）应分层错缝砌筑,砌缝砂浆应饱满。抹面时应压光,不得有空鼓现象。

4）接头填缝应平整密实、不漏水。

5）井内不得遗留建筑垃圾、杂物等。

6）按设计规定做灌水试验,试验结果应满足要求。

9.10.2 实测项目

见表9.10.2。

表9.10.2 倒虹吸竖井砌筑实测项目

项次	检查项目	规定值或允许偏差	检查方法和频率	权值
1Δ	砂浆强度（MPa)	在合格标准内	按附录F检查	3
2Δ	井底高程(mm)	±15	水准仪:测4点	2
3	井口高程(mm)	±20		1
4	圆井直径或方井边长(mm)	±20	尺量:2~3个断面	1
5Δ	井壁、井底厚(mm)	+20,-5	尺量:井壁4~8点,井底3点	1

9.10.3 外观鉴定

井壁平整、圆滑,抹面无麻面、裂缝。不符合要求时,减1~3分。

9.11 一字墙和八字墙

9.11.1 基本要求

1）砌块、砂、水的质量和规格应符合有关规范的要求,混凝土或砂浆应按规定的配合比施工。

2）地基承载力及基础埋置深度必须满足设计要求。

3）砌块应分层错缝砌筑,坐浆挤紧,嵌填饱满密实,不得有空洞。

4）抹面应压光、无空鼓现象。

9.11.2 实测项目

见表9.11.2。

表 9.11.2　一字墙和八字墙实测项目

项　次	检 查 项 目	规定值或允许偏差	检查方法和频率	权　值
1△	混凝土或砂浆强度(MPa)	在合格标准内	按附录 D 或 F 检查	4
2	平面位置(mm)	50	经纬仪:检查墙两端	1
3	顶面高程(mm)	±20	水准仪:检查墙两端	1
4	底面高程(mm)	±50		1
5	竖直度或坡度(%)	0.5	吊垂线:每墙检查 2 处	1
6△	断面尺寸(mm)	不小于设计	尺量:各墙两端断面	2

9.11.3　外观鉴定

1）墙体直顺、表面平整。不符合要求时,减 1～3 分。

2）砌缝无裂隙;勾缝平顺,无脱落、开裂现象。不符合要求时减 1～4 分。

3）混凝土墙蜂窝、麻面面积不得超过该面面积的 0.5%。不符合要求时,每超过 0.5%减 3 分;深度超过 10mm 者必须处理。

9.12　锥坡

涵洞锥坡按本标准第 6.9 节评定。

9.13　顶入法施工的桥、涵

9.13.1　基本要求

1）桥涵主体结构的强度符合设计规定后方可进行顶进施工。

2）基底应密实,并具有足够承载力。

3）工作坑的后背墙承载力符合要求,顶力轴线必须与桥涵中心线一致。

4）节间接缝应按设计要求进行防水处理。

5）严禁带水作业。

9.13.2　实测项目

见表 9.13.2。桥、涵各部分的制作、安装按本标准相关章节评定。

表 9.13.2　顶入法施工的桥、涵实测项目

项　次	检 查 项 目		规定值或允许偏差	检查方法和频率	权　值
1	轴线偏位(mm)	涵(桥)长 < 15m	箱 100	经纬仪:每段检查 2 点	2
			管 50		
		涵(桥)长 15～30m	箱 150		
			管 100		
		涵(桥)长 > 30m	箱 300		
			管 200		

续上表

<table>
<tr><th>项　次</th><th colspan="2">检 查 项 目</th><th>规定值或允许偏差</th><th>检查方法和频率</th><th>权　值</th></tr>
<tr><td rowspan="6">2Δ</td><td rowspan="6">高
程
(mm)</td><td rowspan="2">涵(桥)长 < 15m</td><td>箱 + 30，- 100</td><td rowspan="6">水准仪:每段检查涵底 2 ~ 4 处</td><td rowspan="6">3</td></tr>
<tr><td>管 ± 20</td></tr>
<tr><td rowspan="2">涵(桥)长 15 ~ 30m</td><td>箱 + 40，- 150</td></tr>
<tr><td>管 ± 40</td></tr>
<tr><td rowspan="2">涵(桥)长 > 30m</td><td>箱 + 50，- 200</td></tr>
<tr><td>管 + 50，- 100</td></tr>
<tr><td rowspan="2">3</td><td colspan="2" rowspan="2">相邻两节高差(mm)</td><td>箱 30</td><td rowspan="2">尺量:每接缝 2 ~ 4 处</td><td rowspan="2">1</td></tr>
<tr><td>管 20</td></tr>
</table>

9.13.3 外观鉴定

1)顶入的桥、涵身直顺,表面平整,无翘曲现象。不符合要求时减1 ~ 3 分。

2)进出口与上下游沟槽或引道连接顺直平整,水流或车流畅通。不符合要求时减1 ~ 3分。

10　隧道工程

10.1　一般规定

10.1.1　本标准适用于采用钻爆法施工的山岭隧道的检验评定。采用其他方法如盾构、掘进机、沉埋法施工的隧道的检验评定可参照本标准另行制定。

10.1.2　采用钻爆法施工、设计为复合式衬砌的隧道,承包商必须按照设计和施工规范要求的频率和量测项目进行监控量测,用量测信息指导施工并提交系统、完整、真实的量测数据和图表。

10.1.3　隧道通风、照明、供配电、监控设施等的检验评定,应根据本标准的相关章节进行质量检验评定。

10.1.4　隧道洞口的开挖,应按照第4章路基土石方工程的标准进行检验评定;洞门和翼墙的浇(砌)筑和洞口边坡、仰坡防护按第6章挡土墙、防护及其他砌石工程的相应项目检验评定。

10.1.5　隧道路面的基层、面层,应按照路基、路面的标准进行检验评定。

10.1.6　长隧道每座为一个单位工程,多个中、短隧道可合并为一个单位工程,每座隧道分别评定后,按中隧道权值为2,短隧道权值为1,计算加权平均值作为该单位工程的得分。一般按围岩类别和衬砌类型每100m作为一个分项工程,紧急停车带单独作为一个分项工程。混凝土衬砌采用模板台车,宜按台车长度的倍数划分分项工程。按以上方法划分分项工程时,分段长度可结合工程特点和实际情况进行调整,分段长度不足规定值时,不足部分单独作为一个分项工程。特长隧道的单位工程、分部工程和分项工程可根据具体情况另行划分。

10.1.7　隧道防排水工程施工质量应符合下列要求:

1　高速公路、一级公路隧道和设有机电工程的一般公路隧道

1）隧道拱部、墙部、设备洞、车行横通道、人行横通道不渗水;

2）路面干燥无水;

3）洞内排水系统不淤积、不堵塞，确保排水通畅；

4）严寒地区隧道衬砌背后不积水，排水沟不冻结。

2 其他公路隧道

1）拱部、边墙不滴水；

2）路面不冒水、不积水，设备箱洞处不渗水。

3）洞内排水系统不淤积、不堵塞，确保排水通畅。

4）严寒地区隧道衬砌背后不积水，路面干燥无水，排水沟不冻结。

10.1.8 隧道装修应按《建筑装修工程质量验收规范》制定相应的质量检验评定标准。

10.2 隧道总体

10.2.1 基本要求

1 洞口设置应符合设计要求。

2 必须按设计设置洞内外的排水系统，不淤积、不堵塞。

3 隧道防排水施工质量须符合10.1.7条之规定。

10.2.2 实测项目

见表10.2.2。

表10.2.2 隧道总体实测项目

项 次	检 查 项 目	规定值或允许偏差	检查方法和频率	权 值
1	车行道宽度(mm)	±10	尺量：每20m(曲线)或50m(直线)检查一次	2
2	净总宽(mm)	不小于设计	尺量：每20m(曲线)或50m(直线)检查一次	2
3Δ	隧道净高(mm)	不小于设计	水准仪：每20m(曲线)或50m(直线)测一个断面，每断面测拱顶和两拱腰3点	3
4	隧道偏位(mm)	20	全站仪或其他测量仪器：每20m(曲线)或50m(直线)检查1处	2
5	路线中心线与隧道中心线的衔接(mm)	20	分别将引道中心线和隧道中心线延长至两侧洞口，比较其平面位置	2
6	边坡、仰坡	不大于设计	坡度板：检查10处	1

注：净高有一点不合格时，该分项工程为不合格。

10.2.3 外观鉴定

洞内没有渗漏水现象。不符合要求时，视其严重程度，高速公路、一级公路隧道减5～10分，其他公路隧道减1～5分。冻融地区存在渗漏水现象时扣分取高限。

10.3　明洞浇筑

10.3.1　基本要求

1）水泥、砂、石、水及外掺剂的质量和规格必须符合设计和规范要求，按规定的配合比施工。

2）寒冷地区混凝土骨料应按有关规定进行抗冻试验，结果应符合规范要求。

3）基础的地基承载力须满足设计和规范要求，严禁超挖回填虚土。

4）钢筋的加工、接头、焊接和安装以及混凝土的拌制、运输、浇筑、养护、拆模均须符合设计和规范要求。

5）明洞与暗洞应连接良好，符合设计和规范要求。

10.3.2　实测项目

见表 10.3.2。

表 10.3.2　明洞浇筑实测项目

项　次	检 查 项 目	规定值或允许偏差	检查方法和频率	权　值
1Δ	混凝土强度(MPa)	在合格标准内	按附录 D 检查	3
2Δ	混凝土厚度(mm)	不小于设计	尺量或地质雷达：每 20m 检查一个断面，每个断面自拱顶每 3m 检查 1 点	3
3	混凝土平整度(mm)	20	2m 直尺：每 10m 每侧检查 2 处	1

10.3.3　外观鉴定

1）混凝土表面密实，每延米的隧道面积中，蜂窝、麻面和气泡面积不超过 0.5%。不符合要求时，每超过 0.5%减 0.5～1 分。蜂窝、麻面深度超过 5mm 时不论面积大小，发现一处减 1 分。深度超过 10mm 时应处理。

2）结构轮廓线条顺直美观，混凝土颜色均匀一致。不符合要求时减 1～3 分。

3）施工缝平顺无错台。不符合要求时每处减 1～2 分。

4）混凝土因施工养护不当产生裂缝，每条裂缝减 0.5～2 分。

10.4　明洞防水层

10.4.1　基本要求

1）防水材料的质量和规格等应符合设计和规范要求。

2）防水层施工前，明洞混凝土外部应平整，不得有钢筋露出。

3）明洞外模拆除后，应立即做好防水层和纵向盲沟。

10.4.2　实测项目

见表 10.4.2。

表 10.4.2 防水层实测项目

项 次	检 查 项 目	规定值或允许偏差	检查方法和频率	权 值
1	搭接长度(mm)	≥100	尺量:每环测 3 处	2
2	卷材向隧道延伸长度(mm)	≥500	尺量:检查 5 处	2
3	卷材于基底的横向长度(mm)	≥500	尺量:检查 5 处	2
4	沥青防水层每层厚度(mm)	2	尺量:检查 10 点	3

10.4.3 外观鉴定

防水卷材无破损,接合处无气泡、折皱和空隙。不符合要求时,一处减 1 分,并采取修补措施或返工处理。

10.5 明洞回填

10.5.1 基本要求

1) 墙背回填应两侧同时进行。

2) 人工回填时,拱圈混凝土的强度应达到设计强度的 75%。机械回填时,拱圈混凝土强度应达到设计强度且拱圈外人工夯填厚度不小于 1.0m。

3) 明洞粘土隔水层应与边坡、仰坡搭接良好,封闭紧密。

10.5.2 实测项目

见表 10.5.2。

表 10.5.2 明洞回填实测项目

项 次	检 查 项 目	规定值或允许偏差	检查方法和频率	权 值
1	回填层厚(mm)	≤300	尺量:回填一层检查一次,每次每侧检查 5 点	2
2	两侧回填高差(mm)	≤500	水准仪:每层测 3 次	2
3	坡度	不大于设计	尺量:检查 3 处	1
4△	回填压实质量	符合设计要求	层厚及碾压遍数	3

10.5.3 外观鉴定

坡面平顺、密实,排水通畅。不符合要求时减 1~2 分。

10.6 洞身开挖

10.6.1 基本要求

1) 不良地质段开挖前应做好预加固、预支护。

2）当前方地质出现变化迹象或接近围岩分界线时，必须用地质雷达、超前小导坑、超前探孔等方法先探明隧道的工程地质和水文地质情况，方可进行开挖。

3）应严格控制欠挖。当石质坚硬完整且岩石抗压强度大于30MPa并确认不影响衬砌结构稳定和强度时，允许岩石个别凸出部分（每$1m^2$不大于$0.1m^2$）凸入衬砌断面，锚喷支护时凸入不大于30mm，衬砌时不大于50mm，拱脚、墙脚以上1m内严禁欠挖。

4）开挖轮廓要预留支撑沉落量及变形量，并利用量测反馈信息及时调整。

5）隧道爆破开挖时应严格控制爆破震动。

6）洞身开挖在清除浮石后应及时进行初喷支护。

10.6.2　实测项目

见表10.6.2。

表10.6.2　洞身开挖实测项目

<table>
<tr><th>项　次</th><th colspan="2">检 查 项 目</th><th>规定值或允许偏差</th><th>检查方法和频率</th><th>权　值</th></tr>
<tr><td rowspan="3">1△</td><td rowspan="3">拱部超挖(mm)</td><td>破碎岩、软土等(Ⅰ、Ⅱ类围岩)</td><td>平均100，最大150</td><td rowspan="5">激光断面仪：每20m抽一个断面，测点间距≤1m</td><td rowspan="3">3</td></tr>
<tr><td>中硬岩、软岩(Ⅲ、Ⅳ、Ⅴ类围岩)</td><td>平均150，最大250</td></tr>
<tr><td>硬岩(Ⅵ类围岩)</td><td>平均100，最大200</td></tr>
<tr><td rowspan="2">2</td><td rowspan="2">边墙超挖(mm)</td><td>每侧</td><td>+100，-0</td><td rowspan="2">2</td></tr>
<tr><td>全宽</td><td>+200，-0</td></tr>
<tr><td>3</td><td colspan="2">仰拱、隧底超挖(mm)</td><td>平均100，最大250</td><td>水准仪：每20m检查3处</td><td>1</td></tr>
</table>

10.6.3　外观鉴定

洞顶无浮石。不符合要求时每处减1分并及时清除。

10.7　(钢纤维)喷射混凝土支护

10.7.1　基本要求

1）材料必须满足规范和设计要求。

2）喷射前要检查开挖断面的质量，处理好超欠挖。

3）喷射前，岩面必须清洁。

4）喷射混凝土支护应与围岩紧密粘接，结合牢固，喷层厚度应符合要求，不能有空洞，喷层内不容许添加片石和木板等杂物，必要时应进行粘结力测试。喷射混凝土严禁挂模喷射，受喷面必须是原岩面。

5）支护前应做好排水措施，对渗漏水孔洞、缝隙应采取引排、堵水措施，保证喷射混凝土质量。

6）采用钢纤维喷射混凝土时，钢纤维抗拉强度不得低于380MPa，且不得有油渍及明显的锈蚀。

10.7.2 实测项目

见表 10.7.2。

表 10.7.2 (钢纤维)喷射混凝土支护实测项目

项 次	检查项目	规定值或允许偏差	检查方法和频率	权 值
1△	喷射混凝土强度(MPa)	在合格标准内	按附录 E 检查	3
2△	喷层厚度(mm)	平均厚度≥设计厚度;检查点的 60%≥设计厚度;最小厚度≥0.5 设计厚度,且≥50	凿孔法或雷达检测仪:每 10m 检查一个断面,每个断面从拱顶中线起每 3m 检查 1 点	2
3△	空洞检测	无空洞,无杂物	凿孔或雷达检测仪:每 10m 检查一个断面,每个断面从拱顶中线起每 3m 检查 1 点	2

注:发现一处空洞本分项工程为不合格。

10.7.3 外观鉴定

无漏喷、离鼓、裂缝、钢筋网外露现象。不符合要求时减 2~5 分并返工处理。

10.8 锚杆支护

10.8.1 基本要求

1) 锚杆的材质、类型、质量、规格、数量和性能必须符合设计和规范的要求。

2) 锚杆插入孔内的长度不得短于设计长度的 95%。

3) 砂浆锚杆和注浆锚杆的灌浆强度应不小于设计和规范要求,锚杆孔内灌浆密实饱满。

4) 锚杆垫板应满足设计要求,垫板应紧贴围岩,围岩不平时要用 M10 砂浆填平。

5) 锚杆应垂直于开挖轮廓线布设。对沉积岩,锚杆应尽量垂直于岩层面。

10.8.2 实测项目

见表 10.8.2。

表 10.8.2 锚杆支护实测项目

项 次	检查项目	规定值或允许偏差	检查方法和频率	权 值
1△	锚杆数量(根)	不少于设计	按分项工程统计	3
2	锚杆拔力(kN)	28d 拔力平均值≥设计值,最小拔力≥0.9 设计值	按锚杆数 1%且不小于 3 根做拔力试验	2
3	孔位(mm)	±15	尺量:检查锚杆数的 10%	2
4	钻孔深度(mm)	±50	尺量:检查锚杆数的 10%	2
5	孔径(mm)	砂浆锚杆:大于杆体直径+15;其他锚杆:符合设计要求	尺量:检查锚杆数的 10%	2
6	锚杆垫板	与岩面紧帖	检查锚杆数的 10%	1

10.8.3　外观鉴定

钻孔方向应尽量与围岩和岩层主要结构面垂直,锚杆垫板与岩面紧贴。不符合要求时减1~3分。

10.9　钢筋网支护

10.9.1　基本要求

1）所用材料的质量和规格应符合设计要求。

2）采用双层钢筋网时,第二层钢筋网应在第一层钢筋网被混凝土覆盖后铺设。

10.9.2　实测项目

见表10.9.2。

表10.9.2　钢筋网支护实测项目

项次	检查项目	规定值或允许偏差	检查方法和频率	权值
1△	网格尺寸(mm)	±10	尺量:每50m² 检查2个网眼	3
2	钢筋保护层厚(mm)	≥10	凿孔检查:每20m检查5点	2
3	与受喷岩面的间隙(mm)	≤30	尺量:每20m检查10点	2
4	网的长、宽(mm)	±10	尺量	1

10.9.3　外观鉴定

钢筋网与锚杆或其他固定装置连接牢固,喷射混凝土时不得晃动。不符合要求时减1~3分。

10.10　仰拱

10.10.1　基本要求

1）仰拱应结合拱墙施工及时进行,使支护结构尽快封闭。

2）仰拱浇筑前应清除积水、杂物、虚渣等。

3）仰拱超挖严禁用虚土、虚渣回填。

10.10.2　实测项目

见表10.10.2。

表10.10.2　仰拱实测项目

项次	检查项目	规定值或允许偏差	检查方法和频率	权值
1△	混凝土强度(MPa)	在合格标准内	按附录D检查	3
2△	仰拱厚度(mm)	不小于设计	水准仪:每20m检查一个断面,每个断面检查5点	3
3	钢筋保护层厚度(mm)	≥50	凿孔检查:每20m检查一个断面,每个断面检查3点	1

10.10.3 外观鉴定

混凝土表面密实,无露筋。不符合要求时每处减 2 分并进行处理。

10.11 混凝土衬砌

10.11.1 基本要求

1) 所用材料的质量和规格必须满足规范和设计要求。

2) 防水混凝土必须满足设计和规范的要求。

3) 防水混凝土粗集料尺寸不应超过规定值。

4) 基底承载力应满足设计要求,对基底承载力有怀疑时应做承载力试验。

5) 拱墙背后的空隙必须回填密实。因严重超挖和塌方产生的空洞要制定具体处理方案经批准后实施。

10.11.2 实测项目

见表 10.11.2。

表 10.11.2 混凝土衬砌实测项目

项 次	检 查 项 目	规定值或允许偏差	检查方法和频率	权 值
1△	混凝土强度(MPa)	在合格标准内	按附录 D 检查	3
2△	衬砌厚度(mm)	不小于设计值	激光断面仪或地质雷达:每 40m 检查一个断面	3
3	墙面平整度(mm)	20	2m 直尺:每 40m 每侧检查 5 处	1

10.11.3 外观鉴定

1) 混凝土表面密实,每延米的隧道面积中,蜂窝、麻面和气泡面积不超过 0.5%。不符合要求时,每超过 0.5%减 0.5～1 分。蜂窝、麻面深度超过 5mm 时不论面积大小,一处减 1 分。深度超过 10mm 时应处理。

2) 结构轮廓线条顺直美观,混凝土颜色均匀一致。不符合要求时减 1～3 分。

3) 施工缝平顺无错台。不符合要求时每处减 1～2 分。

4) 混凝土因施工养护不当产生裂缝,每条裂缝减 0.5～2 分。

10.12 钢支撑支护

10.12.1 基本要求

1) 钢支撑的形式、制作和架设应符合设计和规范要求。

2) 钢支撑之间必须用纵向钢筋连接,拱脚必须放在牢固的基础上。

3) 拱脚标高不足时,不得用块石、碎石砌垫,而应设置钢板进行调整,或用混凝土浇筑,混凝土强度不小于 C20。

4）钢支撑应靠紧围岩,其与围岩的间隙,不得用片石回填,而应用喷射混凝土等填实。

10.12.2　实测项目

见表 10.12.2。

表 10.12.2　钢支撑支护实测项目

<table>
<tr><th>项　次</th><th colspan="2">检 查 项 目</th><th>规定值或允许偏差</th><th>检查方法和频率</th><th>权　值</th></tr>
<tr><td>1△</td><td colspan="2">安装间距(mm)</td><td>±50</td><td>尺量:每榀检查</td><td>3</td></tr>
<tr><td>2</td><td colspan="2">保护层厚度(mm)</td><td>≥20</td><td>凿孔检查:每榀自拱顶每 3m 检查一点</td><td>2</td></tr>
<tr><td>3</td><td colspan="2">倾斜度(°)</td><td>±2</td><td>测量仪器检查每榀倾斜度</td><td>1</td></tr>
<tr><td rowspan="2">4</td><td rowspan="2">安装偏差(mm)</td><td>横向</td><td>±50</td><td rowspan="2">尺量:每榀检查</td><td rowspan="2">1</td></tr>
<tr><td>竖向</td><td>不低于设计标高</td></tr>
<tr><td>5</td><td colspan="2">拼装偏差(mm)</td><td>±3</td><td>尺量:每榀检查</td><td>1</td></tr>
</table>

10.12.3　外观鉴定

无污秽、无锈蚀和假焊,安装时基底无虚渣及杂物,接头连接牢靠。不符合要求时减 1~5 分。

10.13　衬砌钢筋

10.13.1　基本要求

钢筋的品种、规格、形状、尺寸、数量、接头位置必须符合设计要求和有关标准的规定。

10.13.2　实测项目

见表 10.13.2。

表 10.13.2　衬砌钢筋实测项目

<table>
<tr><th>项　次</th><th colspan="3">检 查 项 目</th><th>规定值或允许偏差</th><th>检查方法和频率</th><th>权　值</th></tr>
<tr><td>1△</td><td colspan="3">主筋间距(mm)</td><td>±10</td><td>尺量:每 20m 检查 5 点</td><td>3</td></tr>
<tr><td>2</td><td colspan="3">两层钢筋间距(mm)</td><td>±5</td><td>尺量:每 20m 检查 5 点</td><td>2</td></tr>
<tr><td>3</td><td colspan="3">箍筋间距(mm)</td><td>±20</td><td>尺量:每 20m 检查 5 处</td><td>1</td></tr>
<tr><td rowspan="4">4</td><td rowspan="4">绑扎搭接长度</td><td rowspan="2">受拉</td><td>Ⅰ级钢</td><td>30d</td><td rowspan="4">尺量:每 20m 检查 3 个接头</td><td rowspan="4">1</td></tr>
<tr><td>Ⅱ级钢</td><td>35d</td></tr>
<tr><td rowspan="2">受压</td><td>Ⅰ级钢</td><td>20d</td></tr>
<tr><td>Ⅱ级钢</td><td>25d</td></tr>
<tr><td>5</td><td>钢筋加工</td><td colspan="2">钢筋长度(mm)</td><td>-10,+5</td><td>尺量:每 20m 检查 2 根</td><td>1</td></tr>
</table>

注:d 为钢筋直径。

10.13.3 外观鉴定

无污秽、无锈蚀。不符合要求时减 1～3 分。

10.14 防水层

10.14.1 基本要求

1）防水材料的质量、规格、性能等必须符合设计和规范要求。

2）防水卷材铺设前要对喷射混凝土基面进行认真地检查，不得有钢筋、凸出的管件等尖锐突出物；割除尖锐突出物后，割除部位用砂浆抹平顺。

3）隧道断面变化处或转弯处的阴角应抹成半径不小于 50mm 的圆弧。

4）防水层施工时，基面不得有明水；如有明水，应采取措施封堵或引排。

10.14.2 实测项目

见表 10.14.2。

表 10.14.2 防水层实测项目

项次	检查项目		规定值或允许偏差	检查方法和频率	权值
1	搭接宽度(mm)		≥100	尺量：全部搭接均要检查，每个搭接检查 3 处	2
2	缝宽(mm)	焊接	两侧焊缝宽≥25	尺量：每个搭接检查 5 处	2
		粘接	粘缝宽≥50		
3	固定点间距(m)		符合设计要求	尺量：检查总数的 10%	1

10.14.3 外观鉴定

1）防水层表面平顺，无折皱、无气泡、无破损等现象，与洞壁密贴，松紧适度，无紧绷现象。不符合要求时每处减 1～3 分。

2）接缝、补眼粘贴密实饱满，不得有气泡、空隙。不符合要求时每处减 1～3 分。

10.15 止水带

10.15.1 基本要求

1）止水带的材质、规格等应满足设计和规范要求。

2）止水带与衬砌端头模板应正交。

10.15.2 实测项目

见表 10.15.2。

表 10.15.2　止水带实测项目

项　次	检 查 项 目	规定值或允许偏差	检查方法和频率	权　值
1	纵向偏离(mm)	±50	尺量:每环3处	1
2	偏离衬砌中心线(mm)	≤30	尺量:每环3处	1

10.15.3　外观鉴定

1）发现破裂应及时修补。不符合要求时减1~3分。

2）衬砌脱模后,若发现因走模致使止水带过分偏离中心,应适当凿除或填补部分混凝土,对止水带进行纠偏。不符合要求时减1~3分。

10.16　排水

10.16.1　基本要求

1）墙背泄水孔必须伸入盲沟内,泄水孔进口标高以下超挖部分应用同级混凝土或不透水材料回填密实。

2）排水管接头应密封牢固,不得出现松动。

3）严寒地区保温水沟施工时应有防潮措施。修筑的深埋渗水沟,回填材料除应满足保温、透水性好的要求外,水沟周侧应用级配骨料分层回填,石屑、泥砂不得渗入沟内。排水设施应设置在冻胀线以下。

10.16.2　实测项目

排水结构物(如浆砌片石水沟、现浇混凝土等)按照第5章排水工程相应项目检验评定。

10.16.3　外观鉴定

水沟和检查井盖板平稳无翘曲。不符合要求时每处减1~3分。

10.17　超前锚杆

10.17.1　基本要求

1）锚杆材质、规格等应符合设计和规范要求。

2）超前锚杆与隧道轴线外插角宜为5°~10°,长度应大于循环进尺,宜为3~5m。

3）超前锚杆与钢架支撑配合使用时,应从钢架腹部穿过,尾端与钢架焊接。

4）锚杆插入孔内的长度不得短于设计长度的95%。

5）锚杆搭接长度应不小于1m。

10.17.2　实测项目

见表10.17.2。

表 10.17.2 超前锚杆实测项目

项 次	检 查 项 目	规定值或允许偏差	检查方法和频率	权 值
1	长度(m)	不小于设计	尺量:检查锚杆数的 10%	2
2	孔位(mm)	±50	尺量:检查锚杆数的 10%	2
3	钻孔深度(mm)	±50	尺量:检查锚杆数的 10%	2
4	孔径(mm)	符合设计要求	尺量:检查锚杆数的 10%	2

10.17.3 外观鉴定

锚杆沿开挖轮廓线周边均匀布置,尾端与钢架焊接牢固,锚杆入孔长度符合要求。不符合要求时每处减 3~5 分。

10.18 超前钢管

10.18.1 基本要求

1）钢管的型号、质量和规格等应符合设计和规范要求。

2）超前钢管与钢架支撑配合使用时,应从钢架腹部穿过,尾端与钢架焊接。

3）钢管插入孔内的长度不得短于设计长度的 95%。

10.18.2 实测项目

见表 10.18.2。

表 10.18.2 超前钢管实测项目

项 次	检 查 项 目	规定值或允许偏差	检查方法和频率	权 值
1	长度(mm)	不小于设计	尺量:检查 10%	2
2	孔位(mm)	±50	尺量:检查 10%	2
3	钻孔深度(mm)	±50	尺量:检查 10%	2
4	孔径(mm)	符合设计要求	尺量:检查 10%	2

10.18.3 外观鉴定

钢管沿开挖轮廓线周边均匀布置,尾端与钢架焊接牢固,入孔长度符合要求。不符合要求时减 1~5 分。

11　交通安全设施

11.1　一般规定

11.1.1　交通安全设施产品须经有资质的检测机构检测，取得合格证，并经工地检验确认满足设计要求后方可使用。

11.1.2　用绿篱做隔离栅时，其质量和检验评定标准可参照第 12 章的有关规定。

11.1.3　桥梁混凝土护栏见第 8 章的有关规定。

11.1.4　本章未包括的其他交通安全设施工程项目，可根据设计文件和其他相关规范另行制订检验评定标准。

11.1.5　交通安全设施采用钢质材料时，必须进行防腐处理。

11.1.6　构件用螺栓组合时，材料的质量和规格应符合设计要求。

11.2　交通标志

11.2.1　基本要求

1）交通标志的制作应符合《道路交通标志和标线》(GB 5768)和《公路交通标志板技术条件》(JT/T 279)的规定。

2）交通标志在运输、安装过程中不应损伤标志面及金属构件的镀层。

3）标志的位置、数量及安装角度应符合设计要求。

4）大型标志的地基承载力应符合设计要求。大型标志柱、梁的焊接部分应符合钢结构焊接规范的质量要求，无裂缝、未熔合、夹渣等缺陷。

5）标志面应平整完好，无起皱、开裂、缺损或凹凸变形，标志面任一处面积为 500mm × 500mm 表面上，不得存在总面积大于 10mm^2 的一个或一个以上气泡。

6）反光膜应尽可能减少拼接，任何标志的字符不允许拼接，当标志板的长度或宽度、圆形标志的直径小于反光膜产品的最大宽度时，底膜不应有拼接缝。当粘贴反光膜不可避免出现接缝时，应按反光膜产品的最大宽度进行拼接。

11.2.2 实测项目

见表 11.2.2。

表 11.2.2 交通标志实测项目

项次	检查项目	规定值或允许偏差	检查方法和频率	权值
1	标志板外形尺寸(mm)	±5。当边长尺寸大于 1.2m 时允许偏差为边长的 ±0.5%；三角形内角应为 60°±5°	钢卷尺、万能角尺、卡尺：检查 100%	1
	标志底板厚度(mm)	不小于设计		
2	标志汉字、数字、拉丁字的字体及尺寸(mm)	应符合规定字体，基本字高不小于设计	字体与标准字体对照，字高用钢卷尺：检查 10%	1
3Δ	标志面反光膜等级及逆反射系数(cd·lx^{-1}·m^{-2})	反光膜等级符合设计。逆反射系数值不低于《公路交通标志板技术条件》(JT/T 279)规定	反光膜等级用目测初定。便携式测定仪：检查 100%	2
4	标志板下缘至路面净空高度及标志板内缘距路边缘距离(mm)	+100,0	用直尺、水平尺或经纬仪：检查 100%	1
5	立柱竖直度(mm/m)	±3	垂线、直尺：检查 100%	1
6Δ	标志金属构件镀层厚度(μm)	标志柱、横梁≥78，紧固件≥50	测厚仪：检查 100%	2
7	标志基础尺寸(mm)	-50，+100	钢尺、直尺：检查 100%	1
8	基础混凝土强度	在合格标准内	基础施工同时做试件每处 1 组(3 件)：检查 100%	1

11.2.3 外观鉴定

1) 标志板安装后应平整，夜间在车灯照射下，标志板底色和字符应清晰明亮，颜色均匀，不应出现明暗不均的现象，不能影响标志的认读。标志板有明显明暗不均现象时每一标志减 2 分。

2) 标志板在粘贴底膜时，横向不宜有拼接，竖向拼接时，上膜须压接下膜，压接宽度不应小于 5mm。当采用平接时，其间隙不应超过 1mm。距标志板边缘 50mm 之内，不得有接缝。不符合要求时，每处减 2 分。

3) 标志金属构件镀层应均匀、颜色一致，不允许有流挂、滴瘤或多余结块，镀件表面应无漏镀、露铁等缺陷。不符合要求时，每一构件减 2 分。

11.3 路面标线

11.3.1 基本要求

1) 路面标线涂料应符合《路面标线涂料》(JT/T 280)的规定。

2) 路面标线喷涂前应仔细清洁路面，表面干燥，无起灰现象。

3) 路面标线的颜色、形状和设置位置应符合《道路交通标志和标线》(GB 5768)的规定和设计要求。

11.3.2 实测项目

见表11.3.2。

表11.3.2 路面标线实测项目

项 次	检 查 项 目		规定值或允许偏差	检查方法和频率	权 值
1	标线线段长度(mm)	6000	±50	钢卷尺:抽检10%	1
		4000	±40		
		3000	±30		
		1000~2000	±20		
2	标线宽度(mm)	400~450	+15,0	钢尺:抽检10%	1
		150~200	+8,0		
		100	+5,0		
3Δ	标线厚度(mm)	常温型(0.12~0.2)	-0.03,+0.10	湿膜厚度计:干膜用水平尺、塞尺或用卡尺,抽检10%	2
		加热型(0.20~0.4)	-0.05,+0.15		
		热熔型(1.0~4.50)	-0.10,+0.50		
4	标线横向偏位(mm)		±30	钢卷尺:抽检10%	1
5	标线纵向间距(mm)	9000	±45	钢卷尺:抽检10%	1
		6000	±30		
		4000	±20		
		3000	±15		
6	标线剥落面积		检查总面积的0~3%	4倍放大镜:目测检查	1
7Δ	反光标线逆反射系数($cd\cdot lx^{-1}\cdot m^{-2}$)		白色标线 ≥150 黄色标线 ≥100	反光标线逆反射系数测量仪:抽检10%	2

11.3.3 外观鉴定

1）标线施工污染路面应及时清理。每处污染面积不超过1000mm^2。不符合要求时,每处减1分。

2）标线线形应流畅,与道路线形相协调,曲线圆滑,不允许出现折线。不符合要求时,每处减2分。

3）反光标线玻璃珠应撒布均匀,附着牢固,反光均匀。不符合要求时,每处减2分。

4）标线表面不应出现网状裂缝、断裂裂缝、起泡现象。不符合要求时,每处减1分。

11.4 波形梁钢护栏

11.4.1 基本要求

1）波形梁钢护栏产品应符合《高速公路波形梁钢护栏》(JT/T 281)及《公路三波形梁

钢护栏》(JT/T 457)的规定。

2）护栏立柱、波形梁、防阻块及托架的安装应符合设计和施工的要求。

3）为保证护栏的整体强度,路肩和中央分隔带的土基压实度不应小于设计值。达不到压实度要求的路段不应进行护栏立柱打入施工。石方路段和挡土墙上的护栏立柱的埋深及基础处理应符合设计要求。

4）波形梁护栏的端头处理及与桥梁护栏过渡段的处理应满足设计要求。

11.4.2 实测项目

见表 11.4.2。

表 11.4.2 波形梁钢护栏实测项目

项次	检查项目	规定值或允许偏差	检查方法和频率	权值
1Δ	波形梁板基底金属厚度(mm)	±0.16	板厚千分尺:抽检 5%	2
2Δ	立柱壁厚(mm)	4.5±0.25	测厚仪、千分尺:抽检 5%	2
3Δ	镀(涂)层厚度(μm)	符合设计	测厚仪:抽检 10%	2
4	拼接螺栓(45 号钢)抗拉强度(MPa)	≥600	抽样做拉力试验:每批 3 组	1
5	立柱埋入深度	符合设计规定	过程检查,直尺:抽检 10%	1
6	立柱外边缘距路肩边线距离(mm)	±20	直尺:抽检 10%	1
7	立柱中距(mm)	±50	钢卷尺:抽检 10%	1
8Δ	立柱竖直度(mm/m)	±10	垂线、直尺:抽检 10%	2
9Δ	横梁中心高度(mm)	±20	直尺:抽检 10%	2
10Δ	护栏顺直度(mm/m)	±5	拉线、直尺:抽检 10%	2

11.4.3 外观鉴定

1）焊接钢管的焊缝应平整,无焊渣、突起。构件镀锌层表面应均匀完整、颜色一致,表面具有实用性光滑,不得有流挂、滴瘤或多余结块。镀件表面应无漏镀、露铁、擦痕等缺陷。构件镀铝层表面应连续,不得有明显影响外观质量的熔渣、色泽暗淡及假浸、漏浸等缺陷。构件涂塑层应均匀光滑、连续,无肉眼可分辨的小孔、空间、孔隙、裂缝、脱皮及其他有害缺陷。不符合要求时,每处减 2 分。

2）直线段护栏不得有明显的凹凸、起伏现象,曲线段护栏应圆滑顺畅,与线形协调一致,中央分隔带开口端头护栏的抛物线形应与设计图相符。不符合要求时,每处减 2 分。

3）波形梁板搭接方向正确,搭接平顺,垫圈齐备,螺栓紧固。不符合要求时,每处减 2 分。

4）防阻块、托架、端头的安装应与设计图相符,安装到位,不得有明显变形、扭转、倾斜。不符合要求时,每处减 2 分。

5）波形梁板和立柱不得现场焊割和钻孔,不符合要求时,每处减 2 分。

6）立柱及柱帽安装牢固,其顶部应无明显塌边、变形、开裂等缺陷。不符合要求时,每处减 2 分。

11.5　混凝土护栏

11.5.1　基本要求

1）混凝土所用的水泥、砂、石、水及外掺剂的质量和规格必须符合有关规范的要求，按规定的配合比施工。

2）混凝土护栏预制块件在吊装、运输、安装过程中，不得断裂。

3）各混凝土护栏块件之间、护栏与基础之间的连接应符合设计要求。

4）混凝土护栏块件标准段、混凝土护栏起终点及其他开口处的混凝土护栏块件的几何尺寸应符合设计要求。

5）混凝土护栏的地基强度、埋入深度应符合设计要求。

6）混凝土护栏块件的损边、掉角长度每处不得超过 20mm，否则应予及时修补。

11.5.2　实测项目

见表 11.5.2。

表 11.5.2　混凝土护栏实测项目

<table>
<tr><th>项　次</th><th colspan="2">检 查 项 目</th><th>规定值或允许偏差</th><th>检查方法和频率</th><th>权　值</th></tr>
<tr><td>1Δ</td><td colspan="2">护栏混凝土强度(MPa)</td><td>在合格标准内</td><td>按附录 D 检查</td><td>2</td></tr>
<tr><td>2</td><td colspan="2">地基压实度(%)</td><td>符合设计要求</td><td>现场检查</td><td>1</td></tr>
<tr><td rowspan="3">3</td><td rowspan="3">护栏断面尺寸
(mm)</td><td>高度</td><td>±10</td><td rowspan="3">直尺、钢卷尺：抽检 10%</td><td rowspan="3">1</td></tr>
<tr><td>顶宽</td><td>±5</td></tr>
<tr><td>底宽</td><td>±5</td></tr>
<tr><td>4</td><td colspan="2">基础平整度(mm)</td><td>10</td><td>水平尺：检查 100%</td><td>1</td></tr>
<tr><td>5Δ</td><td colspan="2">轴向横向偏位(mm)</td><td>±20 或符合设计要求</td><td>直尺、钢卷尺：抽检 10%</td><td>2</td></tr>
<tr><td>6</td><td colspan="2">基础厚度(mm)</td><td>±10% H</td><td>过程检查，直尺：检查 100%</td><td>1</td></tr>
</table>

注：H 为基础的设计厚度。

11.5.3　外观鉴定

1）混凝土护栏块件之间的错位不大于 5mm。不符合要求时，每处减 2 分。

2）混凝土护栏外观、色泽均匀一致，表面的蜂窝、麻面、裂缝、脱皮等缺陷面积不超过该面面积的 0.5%，不符合要求时每超过 0.5%减 2 分；深度不超过 10mm，不符合要求时，每处减 2 分。

3）护栏线形适顺，直线段不允许有明显的凹凸现象，曲线段护栏应圆滑顺畅，与线形协调一致。中央分隔带开口端头护栏尺寸应与设计图相符。不符合要求时，每处减 2 分。

11.6 缆索护栏

11.6.1 基本要求

1）缆索性能、缆索直径、单丝直径、构造（3 股 7 芯）、锚具及其镀锌质量应符合设计与施工规范的要求，缆索抗拉强度、镀锌质量须经抽检，合格后方可使用。

2）张拉前应标定拉力测定计。

3）立柱埋深不得小于设计值。采用挖埋法施工，立柱埋入土中时，回填土应分层（每层厚度不超过 100mm）夯实；立柱埋入混凝土中时，基础混凝土的几何尺寸、强度等应符合设计要求。

4）立柱壁厚、外径、长度不小于设计要求。

5）采用打入法施工时，立柱顶部不应出现明显变形、倾斜、扭曲或卷边等现象。

11.6.2 实测项目

见表 11.6.2。

表 11.6.2 缆索护栏实测项目

项 次	检 查 项 目	规定值或允许偏差	检查方法和频率	权 值
1	缆索直径(mm)	18±0.5	卡尺：抽检 10%	1
	单丝直径(mm)	2.86 +0.10，-0.02		
2Δ	初张力(kN)	±5%	过程检查，张拉计：抽检 10%	2
3	最下一根缆索的高度(mm)	±20	直尺：抽检 10%	1
4Δ	立柱壁厚(mm)	±0.10	千分尺：抽检 10%	2
5	立柱埋入深度	符合设计要求	过程检查：抽检 10%	1
6Δ	立柱竖直度(mm/m)	±10	垂线、直尺：抽检 10%	2
7	立柱中距(mm)	±50	直尺：抽检 10%	1
8Δ	镀锌层厚度(μm)	立柱 ≥85 索端锚具 ≥50 紧固件 ≥50 镀锌钢丝 ≥33	测厚仪：抽检 10%	2
9	混凝土基础尺寸	符合设计规定	过程检查，直尺：检查 100%	1
10Δ	混凝土强度	在合格标准内	基础施工同时做试件，每个工作班 1 组(3 件)，检查试件的强度，抽检 100%	2

11.6.3 外观鉴定

1）金属构件表面不得有气泡、剥落、漏镀及划痕等表面缺陷。不符合要求时，每处减 2 分。

2）直线段护栏没有明显的凹凸现象，曲线段护栏圆滑顺畅。不符合要求时，每处减2分。

3）索端锚具、托架、索夹螺栓应安装到位、固定牢固；托架编号和组合应与缆索护栏的类别相适应；上、下托架位置正确，中央分隔带缆索护栏的托架应两边对称。不符合要求时，每处减2分。

11.7　突起路标

11.7.1　基本要求

1）突起路标产品应符合《突起路标》(JT/T 390)的规定。

2）突起路标的布设及其颜色应符合《道路交通标志和标线》(GB 5768)的规定或符合设计要求。

3）突起路标与路面的粘结应牢固、耐久，能经受汽车轮胎的冲击而不会脱落。

4）突起路标应在路面干燥、清洁，并经测量定位后施工。

11.7.2　实测项目

见表11.7.2。

表11.7.2　突起路标实测项目

项　次	检 查 项 目	规定值或允许偏差	检查方法和频率	权　值
1	安装角度(°)	±5	角尺：抽检10%	1
2	纵向间距(mm)	±50	钢卷尺：抽检10%	1
3△	损坏及脱落个数	<0.5%	检查损坏及脱落个数：抽检30%	2
4△	横向偏位(mm)	±50	钢卷尺：抽检10%	2
5	承受压力(kN)	>160	检查测试记录	1
6△	光度性能	在规定范围内	检查测试报告	2

11.7.3　外观鉴定

1）突起路标外观应美观，尺寸符合有关规范要求，表面光滑，不得有尖角、毛刺存在，表面无明显的划伤、裂纹。不符合要求时，每处减2分。

2）突起路标纵向安装应成直线，不得出现折线。曲线段的突起路标应与道路曲线相吻合，线形圆滑、顺畅。不符合要求时，每处减2分。

3）突起路标粘结剂不得造成路面污染，不符合要求时，每处减2分。

11.8　轮廓标

11.8.1　基本要求

1）轮廓标产品应符合《轮廓标》(JT/T 388)的规定。

2）轮廓标的布设应符合设计及施工规范的要求。

3）柱式轮廓标的基础混凝土强度、基础尺寸应符合设计要求。

4）柱式轮廓标安装牢固，逆反射材料表面与行车方向垂直，色度性能和光度性能应与设计相符。

11.8.2 实测项目

见表11.8.2。

表11.8.2 轮廓标实测项目

项次	检查项目	规定值或允许偏差	检查方法和频率	权值
1	柱式轮廓标尺寸(mm)	三角形断面:底边允许偏差为±5,三角形高允许偏差为±5;柱式轮廓标总长允许偏差为±10	钢尺:抽检10%	1
2	安装角度(°)	0~5	花杆、十字架、卷尺、万能角尺:抽检10%	1
3	反射器中心高度(mm)	±20	直尺:抽检10%	1
4Δ	反射器外形尺寸(mm)	±5	卡尺、直尺:抽检10%	2
5Δ	光度性能	在合格标准内	检查检测报告	2

11.8.3 外观鉴定

1）轮廓标不应有明显的划伤、裂纹、损边、掉角等缺陷。表面应平整光滑，无明显凹痕或变形。不符合要求时，每处减2分。

2）轮廓标安装牢固，线形顺畅。不符合要求时，每处减2分。

3）柱式轮廓标的垂直度不超过±8mm/m。不符合要求时，每处减1分。

11.9 防眩设施

11.9.1 基本要求

1）防眩设施的材质、镀锌量应符合《公路防眩设施技术条件》(JT/T 333)及设计和施工规范的要求。

2）防眩设施整体应与道路线形相一致，美观大方，结构合理。

3）防眩设施的几何尺寸及遮光角应符合设计要求。

4）防眩板的平面弯曲度不得超过板长的0.3%。

5）防眩设施应安装牢固。

11.9.2 实测项目

见表11.9.2。

表 11.9.2 防眩设施实测项目

项 次	检 查 项 目	规定值或允许偏差	检查方法和频率	权 值
1Δ	安装高度(mm)	±10	钢卷尺:抽检 5%	2
2	镀(涂)层厚度	符合设计	涂层测厚仪:抽检 5%	1
3	防眩板宽度(mm)	±5	直尺:抽检 5%	1
4	防眩板设置间距(mm)	±10	钢卷尺:抽检 10%	1
5	竖直度(mm/m)	±5	垂线、直尺:抽检 10%	1
6Δ	顺直度(mm/m)	±8	拉线、直尺:抽检 10%	2

11.9.3 外观鉴定

1) 防眩板表面不得有气泡、裂纹、疤痕、端面分层等缺陷。不符合要求时,每处减 2 分。

2) 防眩设施色泽均匀。不符合要求时,每处减 2 分。

11.10 隔离栅和防落网

11.10.1 基本要求

1) 隔离栅和防落网用的材料规格及防腐处理应符合《隔离栅》(JT/T 374)及设计和施工规范的规定。

2) 用金属网制作的隔离栅和防落网,安装后要求网面平整,无明显翘曲现象。刺铁丝的中心垂度小于 15mm。

3) 防落网应网孔均匀,结构牢固,围封严实。

4) 金属立柱弯曲度超过 8mm/m,有明显变形、卷边、划痕等缺陷者,以及混凝土立柱折断者均不得使用。

5) 立柱埋深应符合设计要求。立柱与基础、立柱与网之间的连接应稳固。混凝土基础强度不小于设计要求。

6) 隔离栅起终点应符合端头围封设计的要求。

11.10.2 实测项目

见表 11.10.2。

表 11.10.2 隔离栅和防落网实测项目

项 次	检 查 项 目	规定值或允许偏差	检查方法和频率	权 值
1	高度(mm)	±15	钢卷尺:每 100 根测 2 根	1
2Δ	镀(涂)层厚度(μm)	符合设计	测厚仪:抽检 5%	2
3Δ	网面平整度(mm/m)	±2	直尺、塞尺:抽检 5%	2
4Δ	立柱埋深	符合设计	直尺:过程检查,抽检 10%	2
5	立柱中距(mm)	±30	钢卷尺:每 100 根测 2 根	1
6Δ	混凝土强度 (MPa)	在合格标准内	基础施工同时做试件每工作班作 1 组(3 件),检查试件的强度,抽检 10%	2
7	立柱竖直度(mm/m)	±8	直尺、垂线:每 100 根测 2 根	1

11.10.3 外观鉴定

1）电焊网不得脱焊、虚焊。不符合要求时，每处减2分。

2）镀锌层表面应具有均匀完整的锌层，颜色一致，表面具有实用性光滑，不允许有流挂、滴瘤或多余结块。镀件表面应无漏镀、露铁等缺陷。涂塑层应均匀光滑、连续，无肉眼可分辨的小孔、空间、孔隙、裂缝、脱皮及其他有害缺陷。不符合要求时，每处减2分。

3）混凝土立柱应密实平整，无裂缝、翘曲、蜂窝、麻面等缺陷。不符合要求时，每处减2分。

4）有框架的隔离栅和防落网，网片应与框架焊牢，网片拉紧。整网铺设的隔离栅，端柱与网连接牢固，网面平整绷紧。刺铁丝间距符合设计要求，刺线平直、绷紧。不符合要求时，每处减2分。

5）隔离栅安装位置应符合设计规定。安装线形整体顺畅并与地形相协调。围封严实，安装牢固。不符合要求时，每处减2分。

12　环保工程

12.1　一般规定

12.1.1　环保工程包括声屏障工程、绿化工程及服务区污水处理设施工程等。服务区污水处理设施工程纳入房建工程,其质量检验评定应参照有关专业标准与规范进行。

12.1.2　绿化工程的质量检验评定适用于高速公路、一级公路的绿化工程,其他等级公路可参照使用。

12.1.3　绿化工程检验评定的时间应符合下列规定:

1）植物材料与绿化辅助材料的质量和规格应在施工前分批进行检验与控制。

2）植物材料的成活率、发芽率、覆盖率的检验评定应在一个年生长周期满后进行。

12.1.4　木本苗木的品种与规格、树形及整形修剪质量和草种选择、配比、播种量以及修剪质量等均应符合设计要求。苗木挖掘、包装宜符合《城市绿化和园林绿地用植物材料——木本苗》(CJ/T 24)的规定。外地调入的苗木与种子应有植物检疫报告,种子应提供由国家法定种子检验机构出具的种子检验报告。所使用的绿化辅助材料均应有产品合格证、检验报告或现场试验报告。

12.1.5　绿化用土应为公路路基工程施工前剥离并保留的自然表土或适合植物生长、肥力较高的熟土、耕作土或森林腐殖质土。种植前应对绿化场地的土壤理化性质进行化验分析,根据分析结果采取相应的土壤改良措施,并提供土质检验报告及土壤改良措施报告。

12.1.6　绿化用水应符合《农田灌溉水质标准》(GB 5084)的规定。

12.1.7　种植材料的覆盖物、包装物等应及时进行清理,不得随意乱弃,避免造成环境污染。

12.2　砌块体声屏障

12.2.1　基本要求

1）工程所用的块材、水泥、钢筋、外加剂等材料应经检验合格后方可使用。

2）砌筑基础前，应校核基坑放线尺寸，符合设计要求，并填写记录。

3）砌筑顺序应符合下列规定：

（1）基底标高不同时，应从低处砌起，并应由高处向低处搭砌。设计无要求时，搭接长度不应小于基础扩大部分的高度。

（2）砌体的转角处与交接处应同时砌筑。不能同时砌筑时，应留槎、接槎。

4）墙上预留临时施工洞口的净宽度不应大于1m。临时施工洞口应做好补砌。

5）施工过程中的墙体超过2m高，应采用临时支撑等有效措施，防止大风侵袭。

6）在潮湿或有化学侵蚀介质的环境条件下，砌体中的钢筋的防腐应符合设计要求。

7）排水设计符合设计要求。

12.2.2 实测项目

见表12.2.2。

表12.2.2 砌块体声屏障实测项目

项次	检查项目	规定值或允许偏差	检查方法和频率	权值
1Δ	降噪效果	符合设计要求	按环保复查方法	3
2	与路肩边线位置偏移(mm)	±20	尺量：检查30%	2
3	墙体高程(mm)	±20	水准仪：检查30%	2
4	墙体竖直度(mm/m)	3	经纬仪、尺量：检查30%	1
5	墙体厚度(mm)	不小于设计	尺量：抽查15%	1
6	顺直度(mm/10m)	10	10m拉线：每100m测2处，总数不少于5处	1
7	水平灰缝平直度(mm)	7	10m拉线和尺量：每100m测2处，总数不少于5处	1
8	表面平整度(mm)	8	2m靠尺和楔型塞尺：每100m测10尺	1

12.2.3 外观鉴定

1）墙体外观平整美观，无表面破损。不符合要求时，每处减2分并应及时修补。

2）砌筑灰缝应用砌筑砂浆充实。不符合要求时，每处减2分并应进行补缝。

12.3 金属结构声屏障

12.3.1 基本要求

1）基础的埋置深度、材料质量应符合设计要求。

2）金属立柱的规格、材质不应低于设计要求。

3）所使用的焊接材料和紧固件必须符合设计要求和现行标准的规定。焊接不得有裂纹、未熔合、夹渣和未填满弧坑等缺陷。

4）金属立柱、联接件和声屏障屏体在运输时,应采取可靠措施防止构件变形或防腐处理层损坏。严禁安装变形的构件。

5）固定螺栓紧固,位置正确,数量符合设计要求,封头平整无蜂窝、麻面。

6）屏体与基础的联接缝密实,符合设计要求。

12.3.2　实测项目

见12.3.2表。

表12.3.2　金属结构声屏障实测项目表

项　次	检 查 项 目	规定值或允许偏差	检查方法和频率	权　值
1Δ	降噪效果	符合设计要求	按环保复查方法	2
2	与路肩边线位置偏移(mm)	±20	尺量:检查30%	1
3	顶面高程(mm)	±20	水准仪:检查30%	1
4	金属立柱中距(mm)	10	尺量:检查30%	1
5	金属立柱竖直度(mm/m)	3	垂线、尺量:检查30%	1
6	镀(涂)层厚度(μm)	不小于规定值	测厚仪:检查20%	1
7	屏体厚度(mm)	±2	游标卡尺:检查15%	1
8	屏体宽度、高度(mm)	±10	尺量:检查15%	1

12.3.3　外观鉴定

1）立柱镀(涂)层均匀,镀(涂)层剥落面、出现气泡、未镀(涂)面、刻痕、划伤面等不超过该构件表面积的0.1%。不符合要求的立柱每根减1分。

2）屏体颜色均匀一致,无裂纹,划伤面不超过面积的0.1%。不符合要求时每超过0.1%减1分。

3）基础外观平整美观,不得造成路面污染及构筑物破损,如出现基础表面不平整、有损坏修补痕迹的,每处减1分。

4）屏体与立柱及屏体间的缝隙必须密实,不符合要求时,每处减2分。不密实处应及时处理。

12.4　中央分隔带绿化

12.4.1　基本要求

1）中央分隔带的苗木修剪后的高度应为1.4～1.6m,栽植的株、行距合理,应满足防眩功能的要求,不得影响交通安全。

2）中央分隔带应进行绿化用土回填,回填土的厚度应大于600mm。

12.4.2　实测项目

见表12.4.2。

表 12.4.2 中央分隔带绿化实测项目

项 次	检 查 项 目	规定值或允许偏差	检查方法和频率	权 值
1	苗木规格与数量	符合设计	尺量:每 1km 测 50m	2
2	种植穴规格	符合 CJJ/T 82 的规定	钢尺量:每 1km 测 50m	1
3	土层厚度	符合 CJJ/T 82 的规定	钢尺量:每 1km 测 50m	1
4	苗木间距(%)	±5	皮尺量:每 1km 测 50m	1
5Δ	苗木成活率(%)	≥95	目测:每 1km 测 200m	3
6	草坪覆盖率(%)	符合设计	目测:每 1km 测 200m	2

12.4.3 外观鉴定

1）苗木的枝条伸出中央分隔带、有烧膛、偏冠等现象,每处减 1 分。

2）苗木应栽植整齐、竖直。不符合规定减 1～3 分。

3）连续缺株 4 株以上(含 4 株),每处减 2 分。

4）苗木、草坪有明显病虫害的减 5 分。

12.5 路侧绿化

12.5.1 基本要求

1）路侧绿化的种植材料应符合设计要求,不能及时种植的苗木应进行假植。

2）边坡绿化施工应按照设计文件所规定的施工方法与工艺进行,严格施工过程质量控制。

3）边坡绿化施工不得破坏公路路基。

12.5.2 实测项目

见表 12.5.2。

表 12.5.2 路侧绿化实测项目表

项 次	检 查 项 目	规定值或允许偏差	检查方法和频率	权 值
1	苗木规格与数量	符合设计	尺量:每 1km 测 50m	1
2	种植穴规格	符合 CJJ/T 82 的规定	钢尺量:每 1km 测 50m	1
3	土层厚度	符合 CJJ/T 82 的规定	钢尺量:每 1km 测 50m	1
4	苗木成活率(%)	≥85	目测:每 1km 测 200m	2
5Δ	草坪覆盖率(%)	≥95	目测:每 1km 测 200m	3
6	其他地被植物发芽率(%)	≥85	目测:每 1km 测 200m	2

12.5.3 外观鉴定

1）草坪应无枯黄、无明显病虫害,不符合要求时减 3 分。

2）草坪连续空白面积达 0.5m^2 以上,每处减 1～2 分。

3）边沟外侧绿化带、护坡道绿化带连续缺株4株以上(含4株)，每处减2分。

4）苗木有明显的病虫害的减5分。

12.6　互通立交区绿化

12.6.1　基本要求

1）互通立交区绿地整理、排水应符合设计要求；播种前应清除绿地内的施工废弃物；整体图案应符合设计要求。

2）孤植树、珍贵树种以及乔木树种应保证成活。

3）树木种植不应影响行车安全视距。

4）喷灌设施施工应按施工规范进行，其质量按《建筑工程施工质量验收统一标准》(GB 50300)验收。

12.6.2　实测项目

见表12.6.2。

表12.6.2　互通立交区绿化实测项目表

项　次	检 查 项 目	规定值或允许偏差	检查方法和频率	权　值
1	苗木规格与数量	符合设计	尺量：全部	2
2	种植穴规格	符合CJJ/T 82的规定	钢尺量：检查5%	1
3	土层厚度	符合CJJ/T 82中表5.0.2的规定	钢尺量：检查5%种植穴，且不少于3穴	1
4	地形标高(mm)	±30	水准仪：每3000m² 不少于6点	1
5	苗木成活率(%)	≥95	目测：检查全部	1
6	草坪覆盖率(%)	≥95	目测：测量全部	1

12.6.3　外观鉴定

1）草坪应无杂草、无枯黄，连续空白面积不得超过0.5m²。不符合规定时，每处减1~2分。

2）绿地有明显的集水区，每处减1分。

3）绿地草坪、树木有明显病虫害的减5分。

4）喷灌设施不能正常运转的减5分。

5）绿化图案景观效果明显，不符合要求时减2分。

12.7　养护管理区、服务区绿化

12.7.1　基本要求

1）养护管理区、服务区的绿化宜按照《城市绿化工程施工及验收规范》(CJJ/T82)进行施工。其绿地面积应大于总面积的30%,绿地内的植被覆盖率应大于85%。

2) 绿化附属设施的质量按《建筑工程施工质量验收统一标准》(GB 50300)验收。

3) 孤植树、珍贵树种以及乔木树种应保证成活。

4) 绿地草坪应符合设计要求,整体图案美观。

12.7.2 实测项目

见表12.7.2。

表12.7.2 养护管理区、服务区绿化实测项目

项 次	检 查 项 目	规定值或允许偏差	检查方法和频率	权 值
1	放样定位	±5%的设计间距	尺量:抽测5%	1
2	苗木规格与数量	符合设计	尺量:检查全部	1
3	种植穴规格	符合CJJ/T 82的规定	钢尺量:抽测5%	1
4	土层厚度	符合CJJ/T 82的规定	钢尺量:检查5%种植穴,且不少于3穴	1
5	地形标高(mm)	±30	水准仪:每3000m² 测6点,且不少于6点	1
6	苗木成活率(%)	≥95	目测:检查全部	3
7	草坪覆盖率(%)	≥95	目测:检查全部	3
8	绿化附属设施	符合设计	GB 50300:检查全部	1

12.7.3 外观鉴定

1) 花卉种植地、草坪应无杂草、无枯黄;草坪应进行修剪,空白面积不应超过0.5m²。不符合规定时,每处减1~2分。

2) 绿地整洁,表面应平整,微地形整理应符合设计要求。不符合要求时减3分。

3) 绿地树木、花卉、草坪应无明显的病虫害。不符合要求时减5分。

4) 树干应与地面垂直。不符合要求时减1~3分。

12.8 取、弃土场绿化

12.8.1 基本要求

1) 取、弃土场绿化应营造适合植物生长的环境条件后方可进行。

2) 取、弃土场绿化应充分覆盖裸露、松散的地表,满足水土保持的要求。

12.8.2 实测项目

见表12.8.2。

表 12.8.2　取、弃土场绿化实测项目

项　次	检 查 项 目	规定值或允许偏差	检查方法和频率	权　值
1	苗木规格与数量	符合设计	尺量:抽测 10%	1
2	苗木成活率(%)	≥85	目测:检查全部	1
3	草坪覆盖率(%)	≥80	目测:检查全部	1

12.8.3　外观鉴定

树木、草坪有明显病虫害的减 5 分。

附录 A 单位、分部及分项工程的划分

附表 A-1 一般建设项目的工程划分

单位工程	分部工程	分项工程
路基工程（每10km或每标段）	路基土石方工程*①(1～3km路段)②	土方路基*，石方路基*，软土地基*，土工合成材料处治层*等
	排水工程(1～3km路段)	管节预制，管道基础及管节安装*，检查(雨水)井砌筑*，土沟，浆砌排水沟*，盲沟，跌水，急流槽*，水簸箕，排水泵站等
	小桥及符合小桥标准的通道*，人行天桥，渡槽(每座)	基础及下部构造*，上部构造预制、安装或浇筑*，桥面*，栏杆，人行道等
	涵洞、通道(1～3km路段)	基础及下部构造*，主要构件预制、安装或浇筑*，填土，总体等
	砌筑防护工程(1～3km路段)	挡土墙*，墙背填土，抗滑桩*，锚喷防护*，锥、护坡，导流工程，石笼防护等
	大型挡土墙*，组合式挡土墙*(每处)	基础*，墙身*，墙背填土，构件预制*，构件安装*，筋带，锚杆、拉杆，总体*等
路面工程(每10km或每标段)	路面工程(1～3km路段)*	底基层，基层*，面层*，垫层，联结层，路缘石，人行道，路肩，路面边缘排水系统等
桥梁工程③(特大、大、中桥)	基础及下部构造*(每桥或每墩、台)	扩大基础，桩基*，地下连续墙*，承台，沉井*，桩的制作*，钢筋加工及安装，墩台身(砌体)浇筑*，墩台身安装，墩台帽*，组合桥台*，台背填土，支座垫石和挡块等
	上部构造预制和安装*	主要构件预制*，其他构件预制，钢筋加工及安装，预应力筋的加工和张拉*，梁板安装，悬臂拼装*，顶推施工梁*，拱圈节段预制，拱的安装，转体施工拱*，劲性骨架拱肋安装*，钢管拱肋制作*，钢管拱肋安装*，吊杆制作和安装*，钢梁制作*，钢梁安装，钢梁防护*等
	上部构造现场浇筑*	钢筋加工及安装，预应力筋的加工和张拉*，主要构件浇筑*，其他构件浇筑，悬臂浇筑*，劲性骨架混凝土拱*，钢管混凝土拱*等
	总体、桥面系和附属工程	桥梁总体*，钢筋加工及安装，桥面防水层施工，桥面铺装*，钢桥面铺装*，支座安装，搭板，伸缩缝安装，大型伸缩缝安装*，栏杆安装，混凝土护栏，人行道铺设，灯柱安装等
	防护工程	护坡，护岸*④，导流工程*，石笼防护，砌石工程等
	引道工程	路基*，路面*，挡土墙*，小桥*，涵洞*，护栏等

续上表

单位工程	分部工程	分项工程
互通立交工程	桥梁工程*(每座)	桥梁总体,基础及下部构造*,上部构造预制、安装或浇筑*,支座安装,支座垫石,桥面铺装*,护栏,人行道等
	主线路基路面工程*(1~3km路段)	见路基、路面等分项工程
	匝道工程(每条)	路基*,路面*,通道*,护坡,挡土墙*,护栏等
隧道工程	总体	隧道总体*等
	明洞	明洞浇筑,明洞防水层,明洞回填*等
	洞口工程	洞口开挖,洞口边仰坡防护,洞门和翼墙的浇(砌)筑,截水沟、洞口排水沟等
	洞身开挖	洞身开挖*(分段)等
	洞身衬砌	(钢纤维)喷射混凝土支护,锚杆支护,钢筋网支护,仰拱,混凝土衬砌*,钢支撑,衬砌钢筋等
	防排水	防水层、止水带、排水沟等
	隧道路面	基层*,面层*等
	装修	装修工程
	辅助施工措施	超前锚杆、超前钢管等
环保工程	声屏障(每处)	声屏障
	绿化工程(1~3km路段或每处)	中央分隔带绿化,路侧绿化,互通立交绿化,服务区绿化,取、弃土场绿化等
交通安全设施(每20km或每标段)	标志*(5~10km路段)	标志*
	标线、突起路标(5~10km路段)	标线*,突起路标等
	护栏*、轮廓标(5~10km路段)	波形梁护栏*,缆索护栏*,混凝土护栏*,轮廓标等
	防眩设施(5~10km路段)	防眩板、网等
	隔离栅、防落网(5~10km路段)	隔离栅、防落网等
机电工程	监控设施	车辆检测器,气象检测器,闭路电视监视系统,可变标志,光电缆线路,监控(分)中心设备安装及软件调测,大屏幕投影系统,地图板,计算机监控软件与网络等
	通信设施	通信管道与光电缆线路,光纤数字传输系统,数字程控交换系统,紧急电话系统,无线移动通信系统,通信电源等
	收费设施	入口车道设备,出口车道设备,收费站设备及软件,收费中心设备及软件,IC卡及发卡编码系统,闭路电视监视系统,内部有线对讲及紧急报警系统,收费站内光、电缆及塑料管道,收费系统计算机网络等

续上表

单位工程	分部工程	分项工程
机电工程	低压配电设施	中心(站)内低压配电设备,外场设备电力电缆线路等
	照明设施	照明设施
	隧道机电设施	车辆检测器,气象检测器,闭路电视监视系统,紧急电话系统,环境检测设备,报警与诱导设施,可变标志,通风设施,照明设施,消防设施,本地控制器,隧道监控中心计算机控制系统,隧道监控中心计算机网络,低压供配电等
房屋建筑工程	(按其专业工程质量检验评定标准评定)	

注:①表内标注 * 号者为主要工程,评分时给以 2 的权值;不带 * 号者为一般工程,权值为1。

②按路段长度划分的分部工程,高速公路、一级公路宜取低值,二级及二级以下公路可取高值。

③斜拉桥和悬索桥可参照附表 A-2 进行划分。

④护岸参照挡土墙。

附表 A-2　特大斜拉桥和悬索桥为主体建设项目的工程划分

单位工程	分部工程	分项工程
塔及辅助、过渡墩(每座)	塔基础*	钢筋加工及安装,扩大基础,桩基*,地下连续墙*,沉井*等
	塔承台*	钢筋加工及安装,双壁钢围堰,封底,承台浇筑*等
	索塔*	索塔*
	辅助墩	钢筋加工,基础,墩台身浇(砌)筑,墩台身安装,墩台帽,盖梁等
	过渡墩	
锚碇	锚碇基础*	钢筋加工及安装,扩大基础,桩基*,地下连续墙*,沉井*,大体积混凝土构件*等
	锚体*	锚固体系制作*,锚固体系安装*,锚碇块体,预应力锚索的张拉与压浆*等
上部构造制作与防护(钢结构)	斜拉索*	斜拉索制作与防护*
	主缆(索股)*	索股和锚头的制作与防护*
	索鞍*	主索鞍和散索鞍制作与防护*
	索夹	索夹制作与防护
	吊索	吊索和锚头制作与防护*等
	加劲梁*	加劲梁段制作*,加劲梁防护*等
上部构造浇筑与安装	悬浇*	梁段浇筑*
	安装*	加劲梁安装*,索鞍安装*,主缆架设*,索夹和吊索安装*等
	工地防护*	工地防护*
	桥面系及附属工程	桥面防水层的施工,桥面铺装,钢桥面板上防水粘结层的洒布,钢桥面板上沥青混凝土铺装*,支座安装*,抗风支座安装,伸缩缝安装,人行道铺设,栏杆安装,防撞护栏等
	桥梁总体	桥梁总体
引桥	(参见附表 A-1“桥梁工程”)	

续上表

单位工程	分部工程	分项工程
引道	(参见附表 A-1“路基工程”和“路面工程”)	
互通立交工程	(参见附表 A-1“互通立交工程”)	
交通安全设施	(参见附表 A-1“交通安全设施”)	

注:表内标注 * 号者为主要工程,评分时给以 2 的权值;不带 * 号者为一般工程,权值为 1。

附录 B　路基、路面压实度评定

B.0.1　路基和路面基层、底基层的压实度以重型击实标准为准。沥青层压实度以《沥青路面施工技术规范》的规定为准。

对于特殊干旱、潮湿地区或过湿土，以路基设计施工规范规定的压实度标准进行评定。

B.0.2　标准密度应作平行试验，求其平均值作为现场检验的标准值。对于均匀性差的路基土质和路面结构层材料，应根据实际情况增补标准密度试验，求得相应的标准值，以控制和检验施工质量。

B.0.3　路基、路面压实度以 1 ~ 3km 长的路段为检验评定单元，按本标准各有关章节要求的检测频率进行现场压实度抽样检查，求算每一测点的压实度 K_i。细粒土现场压实度检查可以采用灌砂法或环刀法；粗粒土及路面结构层压实度检查可以采用灌砂法、水袋法或钻孔取样蜡封法。应用核子密度仪时，须经对比试验检验，确认其可靠性。

检验评定段的压实度代表值 K（算术平均值的下置信界限）为：

$$K = \bar{k} - \frac{t_\alpha}{\sqrt{n}} S \geqslant K_0$$

式中：$\bar{k}$——检验评定段内各测点压实度的平均值；

t_α——t 分布表中随测点数和保证率（或置信度 α）而变的系数；t_α 见附表 B。

采用的保证率：

高速公路、一级公路：基层、底基层为 99%；路基、路面面层为 95%；

其他公路：基层、底基层为 95%；路基、路面面层为 90%；

S——检测值的标准差；

n——检测点数；

K_0——压实度标准值。

路基、基层和底基层：$K \geqslant K_0$，且单点压实度 K_i 全部大于等于规定值减 2 个百分点时，评定路段的压实度合格率为 100%；当 $K \geqslant K_0$，且单点压实度全部大于等于规定极值时，按测定值不低于规定值减 2 个百分点的测点数计算合格率。

$K < K_0$ 或某一单点压实度 K_i 小于规定极值时，该评定路段压实度为不合格，相应分项工程评为不合格。

路堤施工段较短时，分层压实度应点点符合要求，且样本数不少于 6 个。

沥青面层:当 $K \geqslant K_0$ 且全部测点大于等于规定值减 1 个百分点时,评定路段的压实度合格率为 100%;当 $K \geqslant K_0$ 时,按测定值不低于规定值减 1 个百分点的测点数计算合格率。

$K < K_0$ 时,评定路段的压实度为不合格,相应分项工程评为不合格。

附表 B　$t_\alpha/\sqrt{n}$ 值

保证率 / n	99%	95%	90%	保证率 / n	99%	95%	90%
2	22.501	4.465	2.176	21	0.552	0.376	0.289
3	4.021	1.686	1.089	22	0.537	0.367	0.282
4	2.270	1.177	0.819	23	0.523	0.358	0.275
5	1.676	0.953	0.686	24	0.510	0.350	0.269
6	1.374	0.823	0.603	25	0.498	0.342	0.264
7	1.188	0.734	0.544	26	0.487	0.335	0.258
8	1.060	0.670	0.500	27	0.477	0.328	0.253
9	0.966	0.620	0.466	28	0.467	0.322	0.248
10	0.892	0.580	0.437	29	0.458	0.316	0.244
11	0.833	0.546	0.414	30	0.449	0.310	0.239
12	0.785	0.518	0.393	40	0.383	0.266	0.206
13	0.744	0.494	0.376	50	0.340	0.237	0.184
14	0.708	0.473	0.361	60	0.308	0.216	0.167
15	0.678	0.455	0.347	70	0.285	0.199	0.155
16	0.651	0.438	0.335	80	0.266	0.186	0.145
17	0.626	0.423	0.324	90	0.249	0.175	0.136
18	0.605	0.410	0.314	100	0.236	0.166	0.129
19	0.586	0.398	0.305	>100	$\frac{2.3265}{\sqrt{n}}$	$\frac{1.6449}{\sqrt{n}}$	$\frac{1.2815}{\sqrt{n}}$
20	0.568	0.387	0.297				

附录 C 水泥混凝土弯拉强度评定

C.0.1 混凝土弯拉强度试验方法应使用标准小梁法或钻芯劈裂法，试件使用标准方法制作，标准养生时间28d。按表7.2.2所列检查频率，高速公路和一级公路每工作班制作2～4组：日进度大于等于1000m取4组，大于等于500m取3组，小于500m取2组；其他公路每工作班制作1～3组：日进度大于等于1000m取3组，大于等于500m取2组，小于500m取1组。每组3个试件的平均值作为一个统计数据。

C.0.2 混凝土弯拉强度的合格标准

1）试件组数大于10组时，平均弯拉强度合格判断式为：

$$f_{cs} \geqslant f_r + K\sigma$$

式中：f_{cs}——混凝土合格判定平均弯拉强度（MPa）；

f_r——设计弯拉强度标准值（MPa）；

K——合格判定系数（见附表C）；

σ——强度标准差。

附表C 合格判定系数

试件组数 n	11～14	15～19	≥20
合格判定系数 K	0.75	0.70	0.65

当试件组数为11～19组时，允许有一组最小弯拉强度小于$0.85f_r$，但不得小于$0.80f_r$。当试件组数大于20组时，其他公路允许有一组最小弯拉强度小于$0.85f_r$，但不得小于$0.75f_r$；高速公路和一级公路均不得小于$0.80f_r$。

2）试件组数等于或少于10组时，试件平均强度不得小于$1.10f_r$，任一组强度均不得小于$0.85f_r$。

C.0.3 当标准小梁合格判定平均弯拉强度f_{cs}和最小弯拉强度f_{min}中有一个不符合上述要求时，应在不合格路段每公里每车道钻取3个以上ϕ150mm的芯样，实测劈裂强度，通过各自工程的经验统计公式换算弯拉强度，其合格判定平均弯拉强度f_{cs}和最小值f_{min}必须合格，否则，应返工重铺。

C.0.4 实测项目中，水泥混凝土弯拉强度评为不合格时相应分项工程评为不合格。

附录 D　水泥混凝土抗压强度评定

D.0.1　评定水泥混凝土的抗压强度,应以标准养生 28d 龄期的试件、在标准试验条件下测得的极限抗压强度为准。试件为边长 150mm 的立方体。试件 3 个为 1 组,制取组数应符合下列规定:

1）不同强度等级及不同配合比的混凝土应在浇筑地点或拌和地点分别随机制取试件。

2）浇筑一般体积的结构物(如基础、墩台等)时,每一单元结构物应制取 2 组。

3）连续浇筑大体积结构时,每 80 ~ 200m^3 或每一工作班应制取 2 组。

4）上部结构,主要构件长 16m 以下应制取 1 组,16 ~ 30m 制取 2 组,31 ~ 50m 制取 3 组,50m 以上者不少于 5 组。小型构件每批或每工作班至少应制取 2 组。

5）每根钻孔桩至少应制取 2 组;桩长 20m 以上者不少于 3 组;桩径大、浇筑时间很长时,不少于 4 组。如换工作班时,每工作班应制取 2 组。

6）构筑物(小桥涵、挡土墙)每座、每处或每工作班制取不少于 2 组。当原材料和配合比相同、并由同一拌和站拌制时,可几座或几处合并制取 2 组。

7）应根据施工需要,另制取几组与结构物同条件养生的试件,作为拆模、吊装、张拉预应力、承受荷载等施工阶段的强度依据。

D.0.2　水泥混凝土抗压强度的合格标准

1）试件大于等于 10 组时,应以数理统计方法按下述条件评定:

$$R_n - K_1 S_n \geqslant 0.9R$$

$$R_{min} \geqslant K_2 R$$

$$S_n = \sqrt{\frac{\sum R_i^2 - nR_n^2}{n-1}}$$

式中:n——同批混凝土试件组数;

R_n——同批 n 组试件强度的平均值(MPa);

S_n——同批 n 组试件强度的标准差(MPa),当 $S_n < 0.06R$ 时,取 $S_n = 0.06R$;

R——混凝土设计强度等级(MPa);

R_i——第 i 组混凝土的抗压强度(MPa);

R_{min}——n 组试件中强度最低一组的值(MPa);

K_1、K_2——合格判定系数,见附表 D。

附表 D　K_1、K_2 的值

n	10 – 14	15 – 24	≥25
K_1	1.70	1.65	1.60
K_2	0.9	0.85	

2）试件小于 10 组时，可用非统计方法按下述条件进行评定：

$$R_n \geqslant 1.15R$$

$$R_{min} \geqslant 0.95R$$

D.0.3　实测项目中，水泥混凝土抗压强度评为不合格时相应分项工程为不合格。

附录 E　喷射混凝土抗压强度评定

E.0.1　喷射混凝土抗压强度系指在喷射混凝土板件上,切割制取边长为 100mm 的立方体试件,在标准养护条件下养生至 28d,用标准试验方法测得的极限抗压强度,乘以 0.95 的系数。

E.0.2　双车道隧道每 10 延米,至少在拱脚部和边墙各取 1 组(3 个)试件。

其他工程,每喷射 $50m^3$ ~ $100m^3$ 混合料或小于 $50m^3$ 混合料的独立工程,不得少于 1 组。

材料或配合比变更时需重新制取试件。

E.0.3　喷射混凝土强度的合格标准

1）同批试件组数 $n \geqslant 10$ 时

试件抗压强度平均值不低于设计值;

任一组试件抗压强度不低于 0.85 设计值。

2）同批试件组数 $n < 10$ 时

试件抗压强度平均值不低于 1.05 设计值;

任一组试件抗压强度不低于 0.9 设计值。

E.0.4　实测项目中,喷射混凝土抗压强度评为不合格时相应分项工程为不合格。

附录F　水泥砂浆强度评定

F.0.1　评定水泥砂浆的强度,应以标准养生28d的试件为准。试件为边长70.7mm的立方体。试件6个为1组,制取组数应符合下列规定:

1) 不同强度等级及不同配合比的水泥砂浆应分别制取试件,试件应随机制取,不得挑选。

2) 重要及主体砌筑物,每工作班制取2组。

3) 一般及次要砌筑物,每工作班可制取1组。

4) 拱圈砂浆应同时制取与砌体同条件养生试件,以检查各施工阶段强度。

F.0.2　水泥砂浆强度的合格标准

1) 同强度等级试件的平均强度不低于设计强度等级。

2) 任意一组试件的强度最低值不低于设计强度等级的75%。

F.0.3　实测项目中,水泥砂浆强度评为不合格时相应分项工程为不合格。

附录 G　半刚性基层和底基层材料强度评定

G.0.1　半刚性基层和底基层材料强度,以规定温度下保湿养生 6d、浸水 1d 后的 7d 无侧限抗压强度为准。

G.0.2　在现场按规定频率取样,按工地预定达到的压实度制备试件。每 $2000m^2$ 或每工作班制备 1 组试件:不论稳定细粒土、中粒土或粗粒土,当多次偏差系数 $C_V \leqslant 10\%$时,可为 6 个试件;$C_V = 10\% \sim 15\%$时,可为 9 个试件;$C_V > 15\%$时,则需 13 个试件。

G.0.3　试件的平均强度 $\bar{R}$ 应满足下式要求:

$$\bar{R} \geqslant R_d/(1 - Z_\alpha C_V)$$

式中:R_d——设计抗压强度(MPa);

C_V——试验结果的偏差系数(以小数计);

Z_α——标准正态分布表中随保证率而变的系数。

高速公路、一级公路:保证率 95%,$Z_\alpha = 1.645$;

其他公路:保证率 90%,$Z_\alpha = 1.282$。

G.0.4　评定路段内半刚性材料强度评为不合格时相应分项工程为不合格。

附录 H　路面结构层厚度评定

H.0.1　评定路段内路面结构层厚度按代表值和单个合格值的允许偏差进行评定。

H.0.2　按规定频率,采用挖验或钻取芯样测定厚度。

H.0.3　厚度代表值为厚度的算术平均值的下置信界限值,即:

$$X_{\mathrm{L}} = \bar{X} - \frac{t_{\alpha}}{\sqrt{n}}S$$

式中:X_{L}——厚度代表值(算术平均值的下置信界限);

$\bar{X}$——厚度平均值;

S——标准差;

n——检测点数;

t_{α}——t 分布表中随测点数和保证率(或置信度 α)而变的系数,可查附表 B。

采用的保证率:

高速公路、一级公路:基层、底基层为 99%;面层为 95%。

其他公路:基层、底基层为 95%;面层为 90%。

H.0.4　当厚度代表值大于等于设计厚度减去代表值允许偏差时,则按单个检查值的偏差不超过单点合格值来计算合格率;当厚度代表值小于设计厚度减去代表值允许偏差时,相应分项工程评为不合格。

代表值和单点合格值的允许偏差见第 7 章各节实测项目表。

H.0.5　沥青面层一般按沥青铺筑层总厚度进行评定,高速公路和一级公路分 2 ~ 3 层铺筑时,还应进行上面层厚度检查和评定。

附录 I 路基、柔性基层、沥青路面弯沉值评定

I.0.1 弯沉值用贝克曼梁或自动弯沉仪测量。每一双车道评定路段(不超过 1km)检查 80~100 个点,多车道公路必须按车道数与双车道之比,相应增加测点。

I.0.2 弯沉代表值为弯沉测量值的上波动界限,用下式计算:

$$l_r = \bar{l} + Z_\alpha S$$

式中:l_r——弯沉代表值(0.01mm);

$\bar{l}$——实测弯沉的平均值(0.01mm);

S——标准差;

Z_α——与要求保证率有关的系数,见附表 I。

附表 I Z_α 值

层位	Z_α	
	高速公路、一级公路	二、三级公路
沥青面层	1.645	1.5
路基、柔性基层	2.0	1.645

I.0.3 当路基和柔性基层、底基层的弯沉代表值不符合要求时,可将超出 $\bar{l} \pm (2 \sim 3)S$ 的弯沉特异值舍弃,重新计算平均值和标准差。对舍弃的弯沉值大于 $\bar{l} + (2 \sim 3)S$ 的点,应找出其周围界限,进行局部处理。

用两台弯沉仪同时进行左右轮弯沉值测定时,应按两个独立测点计,不能采用左右两点的平均值。

I.0.4 弯沉代表值大于设计要求的弯沉值时相应分项工程为不合格。

I.0.5 测定时的路表温度对沥青面层的弯沉值有明显影响,应进行温度修正。当沥青层厚度小于或等于 50mm 时,或路表温度在 20℃ ±2℃范围内,可不进行温度修正。

若在非不利季节测定时,应考虑季节影响系数。

附录 J 工程质量检验评定用表

附表 J-1 分项工程质量检验评定表

分项工程名称： 所属分部工程名称 所属建设项目：
工程部位：（桩号、墩台号、孔号） 施工单位： 监理单位：

基本要求																	
实测项目	项次	检查项目	规定值或允许偏差	实测值或实测偏差值										质量评定			
				1	2	3	4	5	6	7	8	9	10	平均值、代表值	合格率(%)	权值	得分
	合计																
外观鉴定						减分			监理意见								
质量保证资料						减分											
工程质量等级评定						评分：			质量等级：								

检验负责人： 检测： 记录 复核： 年 月 日

注：机电工程的功能试验检查项目，规定值或允许偏差是指功能或试验要求；实测值或实测偏差是指检查结果，即“通过”或“不通过”。

附表 J-2　分部工程质量检验评定表

分部工程名称：　　　　　　　　　　所属单位工程：
所属建设项目：　　　　　　　　　　工程部位：
　　　　　　　　　　　　　　　　　(桩号、墩台号、孔号)
施工单位：　　　　　　　　　　　　监理单位：

<table>
<tr><td rowspan="3">施工单位</td><td colspan="5">分 项 工 程</td><td rowspan="3">备 注</td></tr>
<tr><td rowspan="2">工程名称</td><td colspan="4">质 量 评 定</td></tr>
<tr><td>实得分</td><td>权值</td><td>加权得分</td><td>等级</td></tr>
<tr><td rowspan="19"></td><td></td><td></td><td></td><td></td><td></td><td></td></tr>
<tr><td></td><td></td><td></td><td></td><td></td><td></td></tr>
<tr><td></td><td></td><td></td><td></td><td></td><td></td></tr>
<tr><td></td><td></td><td></td><td></td><td></td><td></td></tr>
<tr><td></td><td></td><td></td><td></td><td></td><td></td></tr>
<tr><td></td><td></td><td></td><td></td><td></td><td></td></tr>
<tr><td></td><td></td><td></td><td></td><td></td><td></td></tr>
<tr><td></td><td></td><td></td><td></td><td></td><td></td></tr>
<tr><td></td><td></td><td></td><td></td><td></td><td></td></tr>
<tr><td></td><td></td><td></td><td></td><td></td><td></td></tr>
<tr><td></td><td></td><td></td><td></td><td></td><td></td></tr>
<tr><td></td><td></td><td></td><td></td><td></td><td></td></tr>
<tr><td></td><td></td><td></td><td></td><td></td><td></td></tr>
<tr><td></td><td></td><td></td><td></td><td></td><td></td></tr>
<tr><td></td><td></td><td></td><td></td><td></td><td></td></tr>
<tr><td></td><td></td><td></td><td></td><td></td><td></td></tr>
<tr><td></td><td></td><td></td><td></td><td></td><td></td></tr>
<tr><td></td><td></td><td></td><td></td><td></td><td></td></tr>
<tr><td colspan="2">合　计</td><td></td><td></td><td></td><td></td></tr>
<tr><td>质量等级</td><td colspan="3"></td><td colspan="2">加权平均分</td><td></td></tr>
<tr><td>评定意见</td><td colspan="6"></td></tr>
</table>

检验负责人：　　　　　　　　　　计算：　　　　复核：　　　　　　　　　　年　月　日

附表 J-3　单位工程质量检验评定表

单位工程名称：　　　　　　　　　　所属建设项目：

路线名称：　　　　　　　　　　　　工程地点、桩号：

施工单位：　　　　　　　　　　　　监理单位：

<table>
<tr><td rowspan="3">施工单位</td><td colspan="5">分 部 工 程</td><td rowspan="3">备 注</td></tr>
<tr><td rowspan="2">工程名称</td><td colspan="4">质 量 评 定</td></tr>
<tr><td>实得分</td><td>权值</td><td>加权得分</td><td>等级</td></tr>
<tr><td rowspan="21"></td><td></td><td></td><td></td><td></td><td></td><td></td></tr>
<tr><td></td><td></td><td></td><td></td><td></td><td></td></tr>
<tr><td></td><td></td><td></td><td></td><td></td><td></td></tr>
<tr><td></td><td></td><td></td><td></td><td></td><td></td></tr>
<tr><td></td><td></td><td></td><td></td><td></td><td></td></tr>
<tr><td></td><td></td><td></td><td></td><td></td><td></td></tr>
<tr><td></td><td></td><td></td><td></td><td></td><td></td></tr>
<tr><td></td><td></td><td></td><td></td><td></td><td></td></tr>
<tr><td></td><td></td><td></td><td></td><td></td><td></td></tr>
<tr><td></td><td></td><td></td><td></td><td></td><td></td></tr>
<tr><td></td><td></td><td></td><td></td><td></td><td></td></tr>
<tr><td></td><td></td><td></td><td></td><td></td><td></td></tr>
<tr><td></td><td></td><td></td><td></td><td></td><td></td></tr>
<tr><td></td><td></td><td></td><td></td><td></td><td></td></tr>
<tr><td></td><td></td><td></td><td></td><td></td><td></td></tr>
<tr><td></td><td></td><td></td><td></td><td></td><td></td></tr>
<tr><td></td><td></td><td></td><td></td><td></td><td></td></tr>
<tr><td></td><td></td><td></td><td></td><td></td><td></td></tr>
<tr><td></td><td></td><td></td><td></td><td></td><td></td></tr>
<tr><td></td><td></td><td></td><td></td><td></td><td></td></tr>
<tr><td colspan="2">合　计</td><td></td><td></td><td></td><td></td></tr>
<tr><td>质量等级</td><td colspan="3"></td><td colspan="2">加权平均分</td><td></td></tr>
<tr><td>评定意见</td><td colspan="6"></td></tr>
</table>

检验负责人：　　　　　　　　计算：　　　　复核：　　　　　　　　年　月　日

附表 J-4　建设项目(合同段)质量检验评定表

项目名称：　　　　　　　　　　　　　　　　路线名称：

起讫桩号：　　　　　　　　　　　　　　　　完工日期：

施 工 单 位	单 位 工 程			备 注
	工 程 名 称	实得分	投资额	
质 量 等 级		加权平均分		
评 定 意 见				

检验负责人：　　　　　　　　　　　　计算：　　　　　复核：　　　　　　　　　　　　年　月　日

附表 J-5 ____________________工程汇总表

工　　程	实得分	权值	加权得分	等级	备　注
加权平均分				质量等级	

计算：　　　　　　　　　　　　　　　　复核：　　　　　　　　　　　　年　月　日

附录 K　路面横向力系数评定

K.0.1　评定路段内的路面横向力系数按 SFC 的设计或验收标准值进行评定。

K.0.2　SFC 代表值为 SFC 算数平均值的下置信界限值,即:

$$\mathrm{SFC_r} = \overline{\mathrm{SFC}} - \frac{t_\alpha}{\sqrt{n}}S$$

式中:$\mathrm{SFC_r}$——SFC 代表值;

$\overline{\mathrm{SFC}}$——SFC 平均值;

S——标准差;

n——检测点数;

t_α——t 分布表中随测点数和保证率(或置信度 α)而变的系数,可查附表 B。采用的保证率:高速公路、一级公路为 95%;其他公路为 90%。

K.0.3　当 SFC 代表值不小于设计或验收标准时,按单个 SFC 值计算合格率;当 SFC 代表值小于设计或标准值时,相应分项工程评为不合格。

附录L　本标准用词说明

L.0.1　对执行条文严格程度的用词采用以下写法：

表示很严格，非这样不可的用词：

正面词采用“必须”；

反面词采用“严禁”。

表示严格，在正常情况下均应这样做的用词：

正面词采用“应”；

反面词采用“不应”或“不得”。

表示允许稍有选择，在条件许可时首先这样做的用词：

正面词采用“宜”或“可”；

反面词采用“不宜”。

L.0.2　条文中应按指定的其他有关标准、规范的规定执行，其写法为“应按……执行”或“应符合……要求（或规定）”。

如非必须按指定的其他有关标准、规范的规定执行，其写法为“可参照……”。

附件

公路工程质量检验评定标准

第一册　土 建 工 程

（JTG F80/1—2004）

条　文　说　明

1 总则

1.0.1 目的

条文中进一步明确了制定本标准的目的,是"为了加强公路工程质量管理,统一公路工程质量检验标准和评定标准,保证工程质量",使建设项目的质量检验评定成为一个有机的整体,包含的技术内容仍为公路工程的质量检验标准和评定标准。

1.0.2 适用范围

因交通部已专门制订了大中修工程的质量检验评定标准,故本标准不再要求大中修工程参照执行。根据新修订的《公路工程技术标准》,本标准的适用范围扩展到四级公路。本标准未明确提出城市道路及其他专用公路的适用性问题。

环保工程和机电工程的适用范围按各自有具体规定执行。

本标准的适用对象除仍维持原标准(JTJ 071—98)中的质量监督部门、工程监理单位和施工单位外,也适用于建设单位进行工程质量管理。

本标准从质量管理体制方面规定适用于质量监督部门、质量检测机构、建设单位、工程监理单位和施工单位对工程质量进行检查鉴定、抽查认定、自查自控等质量管理过程。

原标准(JTJ 071—98)第1.0.7条对"公路工程质量管理"列了一些要求,考虑到这些内容多在近几年发布的公路工程建设行政法规中都有很多明确规定,本次修订不再列入。

1.0.3 与相关规范关系

本标准注意到了与相关规范的协调一致,但仍可能存在某些不一致的情况。出现这种情况时一般应以本标准为准执行。新颁布的规范在修订过程中,应充分考虑本标准的有关规定,如仍然出现不一致时,可参照新颁布规范使用。

本标准不能代替所有技术标准,故规定在公路施工、质量管理和检验评定中,除应符合本标准外,尚应符合部颁和国家颁布的相关规范的规定。

1.0.4 特殊工程

提出了执行本标准可能出现的技术争议和问题的解决办法。

本标准是强制性技术法规文件,必须认真贯彻执行。但标准、规范是带普遍性的技术经验总结,对于特大桥梁和特长隧道工程,或考虑到地域、土质、水文等特殊情况和技术的发展,或因采用新材料、新工艺、新结构,在本标准中缺乏适宜的技术规定时,可以参照相关标准,在保证工程质量的前提下,提出可行的解决办法,并按照相关规定报主管部门批准。

2　术语

对本标准中出现的主要专用名词术语,参照国家标准 GB 50300《建筑工程施工质量验收统一标准》作了规定。其他有关公路工程专业名词术语,可参阅有关国家标准、行业标准特别是施工技术规范的规定。

3　工程质量评定

将原标准(JTJ 071—98)第1.0.2、1.0.3、1.0.4、1.0.5等四条调整充实,单独列为一章,以进一步明确质量评定的内容、方法和程序。

3.1　一般规定

3.1.1～3.1.3　作为一般规定,公路工程质量评定包括项目划分、质量评分和质量等级评定三部分。

工程质量评定等级分为合格和不合格两档,取消了优良等级,与新颁布的《公路工程竣(交)工验收办法》保持一致。

3.1.4　本次修订进一步明确了公路工程施工单位、工程监理单位、建设单位在公路工程质量检验评定过程中的作用和完成的工作,力求与新颁布的《公路工程竣(交)工验收办法》保持一致,明确了本标准为质量监督部门和质量检测机构在公路工程质量检验过程中的依据。

3.2　工程质量评分

本节分别列出了分项工程质量评分方法、分部工程和单位工程评分方法,合同段和建设项目工程质量评分方法按照新的《公路工程竣(交)工验收办法》进行计算。

3.2.1　分项工程质量评分

分项工程质量检验评定是建设项目质量评定的基础。分项工程质量检验评定须在满足基本要求的规定且无严重外观缺陷和质量保证资料真实并基本齐全的前提下进行。

本次修订增加了对分项工程中关键实测项目合格率和规定极值的最低要求,主要目的是为了保证工程结构安全和使用功能,关键项目合格率不符合规定的90%或单点检测值超过规定极值时必须进行返工。

实测项目的规定极值是指任一单个检测值都不能突破的极限值,不符合要求时该实测项目为不合格。为此,路面结构层厚度中原“极值”改为“单点合格值”,仅用以计算合格率。

增加了机电工程关键项目合格率须达到100%的要求。

考虑到工厂加工制造的桥梁金属构件的质量要求比土建工程更高,因此在正文规定了工厂加工制造的桥梁金属构件的关键项目合格率不低于95%,在分项工程质量等级评定时合格分数也相应提高到90分。

原标准中采用统计方法进行评定的路基路面压实度、弯沉值、路面结构层厚度、水泥混凝土抗压和抗弯拉强度、半刚性材料强度等都作为关键项目。

压实度评定要点是:①控制平均压实度的置信下限,以保证总体水平;②规定单点极值不得超出给定值,防止局部隐患;③规定扣分界限以区分质量优劣。

路面厚度是关系质量和造价的重要指标,既不能给承包商提供偷工减料的可能机会,又考虑正常施工条件下的厚度偏差情况,采用平均值的置信下限作为否决指标,单点合格值作为扣分指标。

分项工程的得分值按实测项目采用加权平均法计算,分项工程评分为分项工程得分值减去外观缺陷扣分和资料不全扣分。将原实测项目规定分改为权值,一方面与新的《公路工程竣(交)工验收办法》保持一致,另一方面解决了增加实测项目或实测项目不全时的评分问题。

(1) 基本要求具有质量否决权,经检查基本要求不符合规定时,不得进行工程质量的检验和评定。有人提出基本要求与计分应建立联系,但很难找出定量的联系途径。施工单位能否按基本要求施工,主要靠监理从严掌握。如施工单位对基本要求未严格遵循,在工程的质量指标上必然会有所反映,在计分和扣分上应该会有所体现。

(2) 实测项目合格率和得分的计算公式分列,一是明确合格率的计算公式,二是避免直接用合格率作为分值,概念和意义上更加清楚。

实测项目一般按合格率计分,但路基路面的压实度和弯沉值、路面厚度、水泥混凝土抗压和抗弯拉强度、半刚性材料强度等指标采用数理统计方法进行评定。有关方法均列入附录。

(3) 有人提出外观扣分人为因素大,扣分值应作进一步细化。本次修订根据扣分细化要求在各章节进一步作了一些调整;存在某些人为因素的解决办法,一是检评人员要避免带入感情色彩,要客观公正;二是对某些外观缺陷判别有争议时,可先行试点,以期认识相对统一。

另外,评定时外观扣分检查应对全线、全部逐项进行全面的检查,而不仅仅是抽查。

3.2.2　分部工程和单位工程质量评分

采用加权平均值计算法,主要工程和一般工程分别给以2和1的权重,以期更加重视和保证主要工程质量。

3.2.3　合同段和建设项目工程质量评分

新的《公路工程竣(交)工验收办法》对此作了重要修改,交工验收按施工合同段进行,增加了合同段质量的评定,本次修订规定按此计算即可。《公路工程竣(交)工验收办法》规定:

施工合同段工程质量评分采用所含各单位工程质量评分的加权平均值。即：

$$\text{施工合同段工程质量评分值} = \frac{\sum(\text{单位工程质量评分值} \times \text{该单位工程投资额})}{\text{合同段总投资额}}$$

整个工程项目工程质量评分采用加权平均法进行。即：

$$\text{工程项目质量评分值} = \frac{\sum(\text{合同段工程质量评分值} \times \text{该合同段投资额})}{\sum\text{施工合同段投资额}}$$

3.3 工程质量等级评定

对分项、分部、单位工程、合同段和建设项目质量等级评定分款进行阐述。

3.3.1 由于近年来公路工程建设的快速发展，质量意识普遍增强，相应的施工装备和施工技术也有了明显提高，对公路工程质量提出了更高要求，经广泛征求专家意见，将分项工程的合格标准提高到 75 分，对于机电工程和工厂加工制造的桥梁金属构件的分项工程合格标准提高到 90 分。

原标准中“经质量监督部门检查评为不合格的分项工程”，应是无论由谁评定为不合格的分项工程经加固、补强或返工的质量等级重评问题。由于在交工验收时取消了优良等级，故将原“只可复评为合格”改为“可以重新评定其质量等级，但计算分部工程评分值时按其复评分值的 90% 计算”，即在计算所属分部工程评分值时仅以该分项工程复评分值的 90% 参与计算。

4　路基土石方工程

4.1　一般规定

4.1.1　土方路基和石方路基的实测项目技术指标的规定值或允许偏差,本标准及其他有关规范多数按高速公路、一级公路和其他公路(指二级及二级以下公路)分两档设定,鉴于新颁布的《公路工程技术标准》(JTG B01—2004)中提高了路基压实度指标,并把路基压实度按高速公路和一级公路、二级公路、三四级公路分为三档,所以本次修订也将路基压实度按三档设定,其他指标仍按两档设定。

4.1.2　原标准规定的检查频率未区分按每××延米和每××平方米所定频率与车道数的关系,在文字表述中一律"按车道数与双车道之比,相应增加检查数量",而按平方米定的频率是不需再按车道数增加检查数量的,故本次修订明确为只对按延米计的检查频率才相应增加检查数量。

4.1.3　路基压实度指标需分层检测,强调确保分层压实质量;压实度指标可只按上路床的检查数据计分,以下层位的压实质量则由监理工程师按分区压实度要求检查控制,也可视情况按层合并计分。路堤压实的施工检查、监理认定,常碰到小样本数问题,当样本数小于10时,按数理统计的一定保证率的系数可能偏大,分层压实质量控制可采用点点符合要求,且实际样本数不小于6个。

4.1.4　对服务区停车场和收费广场的土方工程提出了要求。

4.2　土方路基

4.2.1　基本要求要点

(1) 明确地表清理范围、内容和基底压实要求。

(2) 原标准规定了路基填料CBR应符合规范和设计规定,并严格规定了不得采用设计或规范规定的不适用土作为路基填料。鉴于标准执行中发现路床填料CBR值不一定均能满足规范要求,部分地区的高塑限高液限土规范规定不能使用,而又难于寻找替代填料,实际上是在"违背基本要求"下使用这些不适用填料,说明本条规定不尽合理,故本次作了修改,仅强调"路基填料应符合规范和设计的规定经认真调查、试验后合理选用。"

(3) 为切实控制好路基分层施工,对填方路基应按路面平行线分层控制填土标高。

(4) 强调施工过程的表面排水和临时排水系统。

(5) 本款为新作补充,以利环保和景观。沿河路基弃方不当,会阻碍河道水流,施工中必须严加控制,防止发生此种不利情况。

4.2.2 实测项目修订

(1) 压实度分区划分,引入路基施工规范的"路床"和"路堤"概念,并与其一致。

(2) 压实度检查频率原为每 2000m^2 每压实层 4 处,考虑到其他检查项目均按 200 延米确定检查数量,故对压实度检查频率也改为按延米计的检查数量。

(3) 纵断高程的允许偏差的负值作了一定调整,其检查频率改为每 200m 测 4 个断面。

(4) 平整度,由于筑路机械化水平不断提高,平整度质量随之有了明显提高,原 98 标准修订时对路基及路面各结构层的平整度都作了相应提高。

(5) 根据新的《公路工程技术标准》进行了调整,其中,注①规定压实度代表值(下置信界限)不得小于规定值,可保证压实度的总体质量。为避免局部压实度不足导致路面损坏,规定单点极值不得小于规定值减 5 个百分点;按不小于表列规定值减 2 个百分点的测点数占总检查点数的百分率计算合格率。如不提高总体压实水平,其代表值难以满足规定值要求。

(6) 注③规定对于特殊干旱、潮湿地区或过湿土以及铺筑中、低级路面的三、四级公路路基,可按路基设计、施工规范规定并采用适合这些土的压实度标准。

4.3 石方路基

4.3.1 提出开炸石方工艺必须保证边坡安全、稳定的基本要求,这在实际上是限制采用大爆破施工工艺。

提出修筑填石路堤的基本工艺。由于填石路堤难以检测压实度或固体体积率,为确保其施工质量,必须强调施工工艺。即逐层水平填筑、边坡码砌应稳定整齐、限制层厚、限制石块尺寸、填石空隙用石碴石屑嵌压稳定、从严限制上下路床填料和石料尺寸等。为定量检验填石路基的压实质量,结合一些地方的经验提出压实要求,即压至填筑层顶面石块稳定和使用 18t 以上压路机振压两遍无明显标高差异。

4.3.2 表中压实度规定值为"层厚和碾压遍数符合要求"。此种要求应通过试验路段进行确定。鉴于现行路基设计、施工规范尚未定出标高差异要求,而有些地方实际上已采取此种控制措施,其标高差控制为不大于 2mm 或 5mm。为从严要求,确保质量,亦可试用振压两遍标高差不大于 2mm 控制,并注意加强观测,及时总结修正。表中纵断高程和平整度的要求较土方路基有所降低。边坡平顺度在石方路基施工中易被忽视,作为实测指标与边坡坡度一并进行检查,以提高施工质量和管理水平。

4.4　软土地基处治

4.4.1　软土地基处治技术发展很快,择其常用方法合并列出,按不同处治措施分款列出基本要求。

路堤沉降速率是软土地基路基施工的一项行之有效的重要监控指标,故新增此规定。

表4.4.2-1至表4.4.2-4:

(1) 分别列出不同技术措施的实测项目表。

(2) 换填地基和反压护道未提出实测项目,其质量检控与填筑路堤基本相同,可一并列入土方路基分项工程。

(3) 表4.4.2-3为碎石桩和砂桩的共用实测项目表。

4.5　土工合成材料处治层

4.5.1　基本要求

对土工合成材料的质量、铺设、固定、张拉、接缝搭接等提出了基本要求。

4.5.2　实测项目

分加筋工程、隔离工程、过滤排水工程和防裂工程等,并分别提出实测项目表。

5 排水工程

5.1 一般规定

5.1.2 排水沟按其用途分为边沟、截水沟、排水沟等,按材料和结构则主要为土沟和浆砌两类。本条阐明5.5节和5.6节按材料和结构列出相应工程的质量要求。

5.1.3~5.1.5 有关排水工程的质量要求,为避免重复本章未单独列出,指明可按照本标准相关章节所列标准进行评定。

5.2 管节预制

为便于查阅,将原标准中相关内容移至本节。

5.3 管道基础及管道安装

5.3.1 基本要求中对管道基础、管道接口、管道安装和抹带等提出了重点要求。

对设计要求防渗漏的管道,为检验管道安装后管节之间的连接是否紧密,管节有无破损,必须在沟槽回填前进行渗透试验,必须确认排水管道昼夜渗漏量在规定值以下。

增加抹带接口外观的要求,应光洁密实,不得有间断和裂缝、空鼓。

5.4 检查(雨水)井砌筑

5.4.2 增加对井底高程的要求。

5.5 土沟

边沟、截水沟、排水沟的质量要求相同。沟底纵坡改为高程,更容易直接控制。

5.6 浆砌排水沟

边沟、截水沟、排水沟的质量要求相同。浆砌片石和混凝土预制块沟等的质量要求也相同。沟底高程由±50mm调整为±15mm。

5.7 盲沟

5.7.2 沟底纵坡改为高程,允许偏差调整为±15mm。

5.8 排水泵站

5.8.1 增加基底土壤不允许扰动和水泵安装牢固的要求。

6 挡土墙、防护及其他砌筑工程

6.1 一般规定

6.1.1 大型挡土墙的划分及作为分部工程评定的规定,仅适用于砌体挡土墙。大型挡土墙可视具体情况,划分为基础、墙身等分项工程进行评定。

6.1.2 本条所列挡土墙或为钢筋混凝土结构,或由几部分组成,规定其按分部工程评定,以便划分分项工程,使评定更加具体。

6.1.5 明确钢筋混凝土挡土墙或构件,均应包括钢筋加工及安装分项工程。

6.2 砌体挡土墙

6.2.2 增列了竖直度或坡度检查项目,以控制墙体的倾斜程度。对表面平整度检查应沿竖直方向和墙长方向进行检查。

6.3 悬臂式和扶臂式挡土墙

为新增加的内容,也是工程中常用的防护结构。参照公路挡土墙设计和施工规范报批稿编制。

6.4 锚杆、锚定板和加筋土挡土墙

6.4.1 锚杆、锚定板挡土墙为新增内容,后者因与加筋土挡土墙相似,因而共同作为一节。

6.4.2 增加了有关筋带、锚(拉)杆、面板预制等实测项目表。在面板安装实测项目表中,增加一项相邻面板平整度检查项目。在挡土墙总体实测项目表中,增加一项肋柱间距检查项目。

6.5　桩板式挡土墙

为新增加的内容,也是工程中常用的防护结构。参照公路挡土墙设计和施工技术规范报批稿编制。

6.6　墙背填土

6.6.1　新增加的一节,参照相关技术规范编制,适用于下挡墙。

6.6.2　为避免碾压施工对挡土墙的损害,规定了锚杆、锚碇板和加筋土挡土墙墙背1m范围内的填土压实度为90%。

6.7　抗滑桩

以灌注桩为基础,结合抗滑桩特点编制。

6.8　挖方边坡锚喷防护

6.8.1　将原来的锚喷支护改为现在这个名称,更为确切,同时增列了对材料的要求。为保证防护效果,对预应力锚索非锚固段套管安装位置也提出了要求。

6.8.2　增加锚孔深度、砂浆强度和锚杆(索)间距3个检查项目,以保证锚固效果和锚杆相对位置。锚索张拉力、张拉伸长率和断丝滑丝数是为预应力锚索增列的。

6.11　导流工程

6.11.2　实测项目中断面尺寸一项修改为不小于设计,因断面不应被削弱。

7 路面工程

7.1 一般规定

7.1.1、7.1.2 如同路基工程，增加了对二级公路检验评定技术要求的相应规定和对检查频率明确按 m^2 或 m^3 或工作班设定的除外。

7.1.3 各类基层和底基层压实度评定方法同路基，采用压实度的平均值的代表值(平均值的下置信界限)评定结构层的总体压实质量，规定单点极值避免局部压实不足。规定扣分界限以体现质量水平。

7.1.4 中级路面、垫层和联结层本标准未列单独章节，可参照相同材料的其他结构层要求进行检验评定。

7.1.5 采用 3m 直尺方法检验各结构层平整度时，以最大间隙作指标，按尺数的合格率计分。

7.1.6 本次修订增加了沥青路面表面渗水系数的技术要求。按照《公路沥青路面施工技术规范》的规定，渗水系数在路面成型后立即测定，并进行渗水试验，每个测点进行 5 次平行试验，并计算 5 个测点的平均值为该点的代表值计算合格率，参与质量评定。

7.1.7 路面各结构层厚度是关键实测指标，当代表值的偏差超过规定值时，则该分项工程为不合格工程，而不只对厚度检查项目评为零分。原“极值”改为“单点合格值”，是为了与不允许超过的“极限值”相区别。

7.1.8 路面各结构层的材料要求和配比控制是保证结构层内在质量的重要因素，在各分项工程的实测项目中一般均未列出，而归入基本要求。主要原因是，材料和配比控制的试验内容较多，为避免冲淡规定分值，难以一一罗列，但施工单位必须按照有关施工规范要求，提交真实齐全的自查资料。

7.1.10 多年来，透层油多采用乳化沥青，而据反映，乳化沥青透入性能极差，起不到透层油的作用，导致沥青路面产生唧浆等病害，故新增本条，明确规定：路面基层完工后，应按时浇洒透层油或铺筑下封层,以利防水,保护基层免遭施工车辆损坏;对透层油选用规定了一定的渗透深度,杜绝选用渗透性能不良的沥青做透层油,杜绝透层油上还需撒料的不合理作法。

7.2　水泥混凝土面层

7.2.1　基本要求

(1) 基层的质量直接影响到水泥混凝土面层的使用质量和寿命。写上此款目的是防止出现在某些客观因素影响下,企业为了经济效益或工期目的,以忽视基层质量的错误思想来指导施工,而把它作为水泥混凝土路面施工检查的重要环节。

(2) 第7.2.1条第4项针对施工现场种种原因或水泥强度不稳定或储存堆放条件差、时间过长,影响水泥强度的可能情况,施工单位不注意会造成水泥混凝土路面质量波动,达不到施工配合比设计的要求。

(3) 目前不少施工单位对接缝填缝料采用普通沥青灌注,保证不了应有的作用,由于切缝造成了混凝土板的临空面,在车轮的反复作用下,此处易被压碎,继而开裂,造成病害,故列入基本要求。

(4) 部分施工单位对接缝的位置规格不重视,有纵缝的拉力杆、横缝的传力杆随意被取消的现象,这是不妥的,应列入基本要求。

(5) 第7.2.1条第6项和第7项列出抗滑要求,也照顾到城市道路的需要。

7.2.2　实测项目

(1) 抗弯拉强度、板厚、平整度是水泥混凝土路面的重要质量指标,列入前三位。抗弯拉强度与板厚的负误差会严重影响使用寿命。把板厚的负偏差控制在平均值 -5mm 和单点合格值 -10mm 内,是考虑到板厚的重要性,防止板厚不足造成严重损坏。

(2) 对于平整度,用3m直尺检查精度低,故列入了平整度仪检测IRI和σ的内容,取消了3m直尺检查方法。大型滑模摊铺机施工工艺,对平整度有很大提高,平整度的规定值也应作相应提高,此次修订为高速公路和一级公路IRI不小于2.0m/km,σ不小于1.2mm。

(3) 表7.2.2构造深度原只有低限值,大家普遍反映构造深度并不是越大越好,因此修改为:对高速公路、一级公路:一般路段不小于0.7且不大于1.1,特殊路段不小于0.8且不大于1.2;其他公路一般路段不小于0.5且不大于1.0,特殊路段不小于0.6且不大于1.1。

(4) 关于纵断高程和板厚允许误差协调性问题,标准修订过程中考虑了各结构层高程、平整度和厚度偏差的相互关系,定出了合理的允许误差。有种意见提出加大面层纵断高程允许误差值,假定基层高程为 -10mm,厚度也为 -10mm,则面层高程满足不了 ±10mm的要求。这是极差集中于一处并恰好又被检测出来所致,其出现的可能性很小,在面层的正常施工中完全可以避免。

7.2.3 外观鉴定

(1) 混凝土板的断裂属路面质量不合格问题,是不允许出现的,多数施工单位均作返工处理。但据国内外资料,个别断板尚难以避免,故列为允许 0.2% 及 0.4% 板块断裂,超过则要减分。

(2) 混凝土板表面脱皮、印痕、裂缝(未达断板程度)、石子外露和缺边掉角、纹理深度不足、填缝不饱满等系常见病害,属于施工马虎造成,影响美观、行车安全和使用寿命,应作减分处理。

7.3 沥青混凝土面层和沥青碎(砾)石面层

7.3.1 基本要求

各种矿料质量是沥青路面质量的基本保证,矿料质量不能完全满足规范要求的情况屡见不鲜,应予从严要求。

新增内容有:

马歇尔稳定度、混合料级配、沥青含量是重要控制指标,但因沥青混凝土的实测项目已多达 9 项,不宜再增加,且实际施工中材料质量均按施工规范进行控制检查。故此次修订在基本要求中明确这三项指标为关键指标,其检查合格率不应小于 90%。

7.3.2 实测项目

(1) 压实度:按照新修订的《公路沥青路面施工技术规范》JTG F40 规定,沥青混凝土面层和沥青碎(砾)石面层的压实度可以从试验室标准密度、最大理论密度和试验段密度三个指标中选择 1 个或 2 个标准进行施工质量控制,并以合格率低的标准作为质量检验评定结果。

(2) 平整度:列出了 IRI、σ 和 3m 直尺(高速公路和一级公路不用)三个指标的规定值,考虑到机械化施工发展现状和各地对平整度的重视,对平整度指标作了适当的从严要求。

(3) 弯沉值:由于高速公路和一级公路的路基较高、路面总厚度较厚,非不利季节的弯沉测定结果的季节影响不会有一般三级公路的路基填土不高和路面总厚不大时那样显著,确定季节影响系数时应予慎重考虑。由于沥青层较厚,温度影响比较明显。

(4) 抗滑:列出了摩擦系数和构造深度两种指标。高速公路和一级公路交通量大,且为渠化交通,应注重路面结构的抗滑问题,以策安全。

鉴于目前自动化检测设备的广泛应用,本次修订吸收了其他规范修订研究项目的成果,增加了沥青路面横向力摩擦系数的评定方法,以适应现实之需要,使得对沥青路面抗滑性能进行较为科学、准确的评定。

(5) 厚度:高速公路和一级公路的沥青面层多为 2~3 层铺筑,下面层厚度的变异性较大,验收时不作特殊要求,但施工单位和监理应从严予以控制。沥青层厚度是关键质量指标,也与施工单位经济效益密切相关。基层的平整度和纵断高程控制得越好,沥青层的厚度就越易得到合理控制。表中规定了沥青面层总厚度和上面层厚度要求,其他公路的厚度允许偏差以总厚度计。由于普遍反映厚度取芯点过密,所以降低了检查频率。

7.3.3 外观鉴定

沥青路面表面均匀性是施工的难点之一,关系到路面的使用质量、使用寿命和整体美观,如发现本项所列外观缺陷超过规定值时,应予扣分。

半刚性基层的反射裂缝,受半刚性材料特性所决定,设计上又难以采取合理的技术措施来完全避免。在检查评定时,如发现此种反射裂缝,可不计做施工缺陷,但需作及时灌缝处理。

沥青面层接茬或面层与路缘石及其他构筑物应接顺。实践表明,面层接茬不好或与构筑物相接不顺,易造成路面不平、裂缝和积水现象,发现此类缺陷,应予扣分。

7.4 沥青贯入式面层(或上拌下贯式面层)

7.4.1 基本要求

第2项的目的是为突出各种材料规格和用量的重要性。严格控制材料规格和用量是施工质量管理和质量检验的重要内容和保证路面质量的基本要求。

7.4.2 实测项目

(1) 平整度指标列出了IRI、σ和3m直尺(高速公路和一级公路不用)三个指标的规定值。

(2) 弯沉值是路面综合质量的重要指标,由于贯入式路面的内在质量难以定量控制,弯沉指标则更显其重要意义。

(3) 厚度:考虑到设计厚度的差异,其允许偏差以设计厚度60mm为界,分别按厚度的百分率和厚度不足的毫米数控制。

(4) 检查项目中,未列压实度指标,主要原因是标准值和工地检验密度不易准确确定。

7.5 沥青表面处治面层

本节说明可参见7.4沥青贯入式面层的有关条文说明。

7.6~7.12 各类基层、底基层

列入标准的基层,底基层结构类型为当前常用和考虑今后发展的典型结构,并根据其材料特性、施工要求、质量标准等作了合理归并。对于现有道路及有些地区仍在采用的手

摆片石和泥结碎石等类结构，由于其性能缺陷，不宜用于等级较高的公路工程，故本标准未予以列入。

编入的结构类型为：

水泥稳定粒料（碎石、砂砾或矿渣）	基层、底基层
水泥土	基层、底基层
石灰土稳定粒料（碎石、砂砾或矿渣）	基层、底基层
石灰土	基层、底基层
石灰粉煤灰稳定粒料（碎石、砂砾或矿渣）	基层、底基层
石灰粉煤灰土	基层、底基层
级配碎（砾）石	基层、底基层
填隙碎石（矿渣）	基层、底基层

同种材料的基层、底基层的内容除实测项目的质量要求有所差别外，其他基本相同，为应用方便和避免重复，均按上述材料和结构合并予以阐述。有人提出采取上述方式合并后的内容还有些比较相近，建议进一步合并。但考虑到应用习惯和应用方便，仍按此种合并，未作修改。

（1）基本要求：

各类材料的基层、底基层从原材料质量、配合比控制、铺筑、压实和养生等关键环节提出了基本要求。

（2）实测项目：

① 柔性结构弯沉检测虽是一项检测面广的指标，但从严控制压实度和厚度后，强度均可符合要求。半刚性结构因有强度指标控制，且难以合理确定测定龄期，故未作检查规定。

② 纵断高程、厚度、平整度三项指标，各结构层次自下而上存在着密切联系，只有从路基开始，逐层从严控制，才能确保面层达到相应的质量要求。为确保结构层厚度，纵断高程只允许较小正值，规定了负值高限；厚度则控制负值高限。

③ 水泥土、石灰土和石灰粉煤灰土等细粒土类结构，本身抗干缩裂缝和抗温度收缩能力差，不适于用做高速公路和一级公路基层，实测项目表内相关内容均未列入。

④ 压实度是最重要指标，权值高。压实度的平均值的代表值大于等于规定值，且全部测定值大于等于代表值的规定值减 2 个百分点时，可得规定的满分；大于极值，小于代表值规定值减 2 个百分点的测点，按其占总检查点数百分率计算扣分值；代表值或极值低于相应规定值时，则该路段的压实度为不合格，评为零分。

⑤ 厚度代表值必须满足要求，单点极值超过规定值时，按其占总检查点数的百分率计算扣分值。

⑥ 水泥土和水泥稳定粒料基层、底基层的抗压强度符合设计要求意指设计单位按《公路路面基层施工技术规范》JTJ 034—2000 要求进行配合比设计的强度，针对某一具体路线或路段，设计单位应提出一个特定的强度要求值，而不是一个范围，施工单位、监理和监督检查则按该特定值进行配比设计、质量监控和验收评定。

收评定。

关于水泥稳定类材料强度评定,在实际使用原98标准时,有的单位为了保证水泥稳定材料的强度而不控制其上限,导致路面开裂严重,有的地方甚至出现了拱涨现象,需要引起重视。因此在进行水泥稳定材料强度检验评定时,除了要满足本标准的要求外,各地还应该根据当地经验和实际使用情况,合理确定水泥稳定材料强度评定的上限控制标准,防止水泥稳定基层发生开裂。

7.13　填隙碎石(矿渣)基层和底基层

7.13.1　基本要求中规定填隙碎石的主要工艺内容和材料要求。

7.13.2　实测项目表7.13.2中固体体积率是控制结构层压实度的指标,通过分析材料组成及其相应的相对密度计算确定。

根据实际需要,增加弯沉值检查项目,以利增加对柔性基层的质量监控。

7.14　路缘石铺设

增加对现浇路缘石的相关质量要求和实测项目。

8 桥梁工程

8.1 一般规定

与原98标准比较,主要作了以下改动:

1 中桥改为每座为一个单位工程,进一步明确了分项工程的划分原则。对复杂工程如互通立交可设立子分部工程,以便于评定。

2 原98标准中基础及下部构造划分,涉及以后各节的内容,在本节予以删除。

3 不属于实体工程中的永久构(部)件,如模板、支架、拱架、顶推台座、导梁、转动设施、猫道等施工应用设施不进行评定,其质量标准应根据施工技术规范和设计要求严格掌握,确保实体工程质量。

4 拱圈变形监控对保证拱圈成拱线形,避免质量和安全事故是一项重要措施,施工时必须予以重视,因此提出进行变形监控的要求。

5 删除原98标准中有关质量评定的内容。

8.2 桥梁总体

1 荷载试验是检验桥梁受力性能和承载能力是否达到设计及规范要求的最有效手段,试验结果可以反映桥梁的综合施工质量。故对特大桥梁或结构复杂桥梁增加进行荷载试验的要求。

2 桥面中线偏位允许偏差由原10mm放宽至20mm,明确了桥头高程衔接的检查方法。

3 因已有桥头搭板分项工程,故取消了桥头跳车的外观减分。栏杆、灯柱、缘石等的线形对桥面景观影响突出,增加相应的外观减分。

8.3 钢筋和预应力筋加工、安装及张拉

8.3.1 钢筋加工及安装

基本要求增加了安装时必须保证钢筋根数的要求,使结构中钢筋数量不少于设计数量。

表8.3.1-1项次2及表8.3.1-3项次2中的箍筋、横向水平钢筋和螺旋筋的间距,其允许偏差均改为±10mm,更符合施工的实际情况。表8.3.1-2项次3的允许偏差改为

15mm,以便与项次 2 的允许偏差配合。

8.3.2　预应力筋的加工和张拉

为简化评定,将预应力筋制作、张拉和后张孔道压浆合为一个分项工程,对有关后张孔道压浆的规定列在基本要求中。

基本要求增加了单根钢筋不允许断筋或滑移的要求;同时规定孔道压浆所用水泥浆的性能亦应符合施工技术规范要求,因为水泥浆不仅需要强度,其各项性能(如泌水率、膨胀率、稠度等)指标的优劣,对保证压浆的密实性、防止出现空洞也非常重要。

预应力筋张拉时混凝土的龄期对结构构件的后期变形影响大,施工中不能保证混凝土的强度与龄期同步增长,在基本要求中强调强度、龄期同时符合设计要求。

实测项目中张拉应力值规定为符合设计要求。张拉伸长率首先应符合设计要求,设计未要求时按施工规范定为 ± 6%,且其权值定为 3,这是因为张拉伸长率与张拉应力值同样重要。

8.4　砌体

本节中"宽缝"是指缝宽超过一般宽度的砌缝,一般砌缝宽度随所用材料不同而不同,应符合《公路桥涵施工技术规范》(JTJ 041—2000)第 13.3 和 13.4 节有关规定。

8.4.1　基础砌体

轴线偏位的检查方法和频率规定为用经纬仪测量纵、横各 2 点,这 2 点是指纵、横轴线与边沿的交点。

8.4.2　墩台身砌体

墩台身砌体的轴线偏位允许偏差由原 10mm 放宽至 20mm。

8.4.3　拱圈砌体

为使砌块正面受压,要求拱圈的砌缝垂直于拱轴线。

拱圈的内弧线偏离设计弧线检查项目增加了极值要求,以控制偏差过大。

8.5　基础

本次修订将所有基础类的分项工程归为一节。

8.5.1　扩大基础

全站仪使用越来越普遍,原标准规定用"经纬仪测量"的项次,本次修订均改为"用全站仪或经纬仪测量"。另外,原则上本标准规定采用的检测仪器均可用精度更高的仪器替代(其他节类似修改,不再说明)。

8.5.2 钻孔灌注桩

1) 由于钻孔灌注桩是地下隐蔽工程,施工中往往会存在一些质量缺陷,故规定在一般情况下对钻孔灌注桩应选择有代表性的进行无破损检测,重要工程或重要部位的桩宜逐根进行检测,甚至钻芯检验,这是非常必要的,应高度重视这一工作。至于对所有的桩是否逐桩检测,还是应以工程招标文件中的规定为准,因检测数量的多少涉及到费用问题。

2) 孔径系指成孔直径,孔径不得小于设计桩径。孔底的沉淀厚度首先应符合设计规定,当设计未规定时则按施工规范的要求执行。

钻孔倾斜度、孔径、孔深和沉淀厚度的检查可参考《公路施工手册》(桥涵)介绍的方法,鼓励采用技术先进、精确可靠的仪器进行检测。

排架桩的桩位对盖梁布置等影响大,故增列极值限制。

3) 对经无破损检测的桩,虽有少量轻微缺陷(如按 A、B、C 分类中的 C 类桩),经设计单位确认仍可用的,应减分。

8.5.4 沉桩

表 8.5.4-2 中项次 2 将桩尖高程和贯入度列为关键项目,是因为这两项指标在沉桩施工中非常重要。

按施工规范的要求,除一般的中、小桥沉桩工程有可靠的依据和实践经验可不进行试桩外,其他沉桩工程在施工前,均应先试桩,以确定沉桩工艺和检验桩的承载力。沉桩施工时,对桩尖高程与贯入度的控制,施工规范已有明确规定,在施工中当实际桩尖高程和贯入度有出入时,应按施工规范的有关规定进行处理。

8.5.5 地下连续墙

增列了两条要求作为基本要求,明确混凝土材料和灌注水下混凝土前成槽必须达到的质量标准。

8.5.7 双壁钢围堰

为新增加内容。本标准所指双壁钢围堰系指设计为永久受力结构的围堰,其制作拼装作为一个分项工程。

1) 为了切实保证焊接制作的质量,对焊接操作的人员,要求必须具有相关的资格且应有上岗证。

2) 焊缝的质量及水密试验是保证钢围堰施工质量和安全的重要前提,故将其列为关键项目。

8.5.8 沉井或钢围堰的混凝土封底

是本次修订新增加的内容。因沉井或钢围堰的混凝土封底是否成功,对后续工程的施工至关重要,故作为一个分项工程来对待。

8.5.10　大体积混凝土结构

原称大体积构件,现改为大体积混凝土结构。是指大跨径桥梁的大型基础、大型承台和大型锚碇等结构。

大体积混凝土的材料配合比与一般混凝土的配合比有所不同,如需采用低水化热的水泥,应尽可能掺加粉煤灰等混合材料,以满足其特殊要求。

施工技术规范规定了混凝土内的最高温度及内外温差的控制值,施工时应严格执行。

8.6　墩、台身和盖梁

8.6.2　墩、台身安装

增加了墩、台身预制必须经检验合格后,方可进行安装的要求,同时对接缝胶结材料和密实性作了要求。

8.6.3　墩、台帽或盖梁

表 8.6.3 对原标准的有关项次作了调整,增加了顶面高程和支座垫石预留位置两项的允许偏差。

8.6.4　拱桥组合桥台

(1) 增加了对地基强度的要求。

(2) 组合桥台一般应用在软土地基上,易出现后倾,为限制沉降缝宽度变化过大,台身后倾率由 1/150 调整为 1/250。

8.6.5　台背填土

此为新增加的内容。桥头跳车是带有普遍性的质量通病之一,而造成跳车的主要原因是台背填土产生了较大的沉降,因此将台背填土列为一分项工程,是强调必须加强对其质量的控制。

(1) 为保证碾压效果,分层的厚度宜适当小于一般路基的分层填筑厚度,并应充分碾压。

(2) 按不同等级的公路分别规定其压实度的要求。

8.7　梁桥

8.7.1　预制和安装梁(板)

增加了支座底与垫石顶须密贴的规定,即支座不能产生脱空现象,否则梁(板)应重新安装。

表8.7.1-1对原标准有关项次进行了适当调整。删去了跨径和支座表面平整度两项,增加了断面尺寸和横坡的要求。项次6是指有模板的混凝土表面的平整度,并非指梁(板)顶面平整度。

8.7.2 就地浇筑梁(板)

对就地浇筑梁(板)所使用的支架模板,其强度、刚度和稳定性是施工中非常重要的因素,故将其列入基本要求。

表8.7.2项次4中的断面尺寸做了适当调整。

8.7.4 悬臂施工梁

梁体出现裂缝是悬臂施工常见的问题,为限制裂缝宽度,查明开裂原因,消除隐患,故在基本要求中增加了相关规定。

表8.7.4-1和表8.7.4-2中,检查方法和频率一栏改为要求对每个梁段进行检查。

为方便应用,外观鉴定第2项修改为:每孔出现两处及以上明显错台(≥3mm)时,减2分。

8.8 拱桥

本节纳入了原标准中有关拱桥的内容,并以此为基础进行增加及补充。近年来虽有钢拱桥建成,但数量很少,条件还不成熟,故本次修订时未编制相关评定标准。

8.8.1 就地浇筑拱圈

1) 就地浇筑拱圈一般用于跨径不大的钢筋混凝土拱桥,据此补充有关支架和施工顺序的要求。

2) 在实测项目中增加了拱宽的检查。

8.8.2 拱圈节段的预制

原预制拱圈节段的检查项目轴线偏位改为平面度。断面尺寸的宽度及高度允许偏差由原+5mm,-10mm改为+10mm,-5mm,以减少断面削弱程度。

原桁架拱杆件的检查项目轴线偏位改为杆件旁弯。

8.8.3 拱的安装

为避免对结构受力的不利影响,应查明杆件或节点开裂原因。同时增加合龙段两侧高差的限制,以利于拱的线形。

对称接头点的反向高差对拱的稳定是极不利的,表8.8.3-1及8.8.3-2中对此列出极值限制,任一检查点不满足极值要求,该分项工程即为不合格。

由于半个拱整体施工,而且高程可调,因此拱顶面高程允许偏差比用其他方法施工的拱控制更为严格,仅列出±20mm,且不与跨径联系。

8.8.5　劲性骨架混凝土拱

原标准的劲性骨架加工与安装,分解成为加工以及安装两个分项工程,并各增加了焊接质量的检查项目。

对称点高差中增加了极值的要求,参见8.8.3说明。

8.8.6　钢管混凝土拱

原标准的钢管拱肋制作与安装,分解成为制作以及安装两个分项工程。

为控制成拱的质量,增加钢管拱肋节段制作、安装过程及管内混凝土的施工要求。

对称点高差增加了极值的限制要求,参见8.8.3说明。对射线探伤比例,首先应符合设计文件的要求,若设计未作规定,由于射线探伤的成本高、操作程序复杂、检测周期长及适应性差,其比例可按焊缝条数进行抽样检查,并应不少于1条,本标准均相同,不另说明。

8.8.7　中下承式拱吊杆和柔性系杆

把原标准吊杆安装改为吊杆的制作与安装,增加了吊杆长度的检查项目和吊杆拉力极值的限制要求,补充了柔性系杆的检查项目。

8.9　钢桥

本节适用于除本标准第8.10和8.11节以外的常规钢梁桥,内容包括钢梁的制作、防护和安装分项工程的标准。

8.9.1　钢梁制作

此为新增加的内容,参照《公路桥涵施工技术规范》(JTJ041—2000)和一些斜拉桥、悬索桥的专项质量检验评定标准及施工经验编制而成。

1) 钢梁(梁段)元件种类较多,没有专门列出检查项目,但亦应进行检查,其质量必须符合设计和规范要求。

梁段的试组装是保证工地安装质量的重要手段,验收必须合格,故在基本要求中列出。

对钢梁(段)的制作,监理工程师应到厂进行检查。

2) 高强螺栓扭矩允许偏差是指采用退扣法检查的偏差,本标准均相同,不另说明。

8.9.2　钢梁防护

为新增加内容,参照已建成的钢斜拉桥、悬索桥的专项质量检验评定标准及施工经验编制而成。

实测项目除锈清洁度、粗糙度、附着力具体检查方法参见 GB/T8923—88、GB/T13288—91、GB3505—2002、GB/T9286—88 等标准。

对箱梁段工厂防护涂装,监理工程师应到厂检查。梁段的现场工地防护,也必须坚持按同一标准执行。

8.9.3 钢梁安装

原标准中钢梁的安装与防护为一个分项工程,修订后拆分成两个分项工程。

梁的应力与施工过程有关,故规定应按设计规定的程序进行安装。

8.10 斜拉桥

原标准有关斜拉桥的内容较少,不能满足工程建设的需要,故本节修订以增加内容为主。本节由原来的 3 个分项工程扩充为 11 个分项工程,所增加的内容主要是与钢斜拉桥和结合梁斜拉桥有关的分项工程。

我国虽已建成几座钢管混凝土斜拉桥,但实践经验还很少,其评定标准有待今后补充。

8.10.1 混凝土索塔

索柱、横梁各作为一个独立的分项工程,并把原标准中的断面细化为外轮廓尺寸和壁厚两项,分别规定其允许偏差。

8.10.2 平行钢丝斜拉索制作与防护

为新增加内容。平行钢丝斜拉索是目前最常用的斜拉索类型,至于平行钢绞线拉索,由于都是工厂化生产,而且不需监理工程师到厂检验,因此不必专门编制评定标准,工厂生产有合格证即能使用。

8.10.3 混凝土斜拉桥主墩上梁段的浇筑

为新增加内容。鉴于在主墩上的梁段,基本上属于有支架的施工,对箱形梁段直接引用梁桥相关评定标准。肋板式截面的梁常在双索面斜拉桥上采用,而且日益增多,因此也列出该类截面梁的质量标准。

8.10.4 混凝土斜拉桥梁的悬臂施工

索力和高程调整是斜拉桥施工过程中不可缺少的项目,其调整依据之一就是施工控制的结果,因此增加了相关要求。

索力检查增加了极值的限定,任一拉索的索力不满足该项要求时,必须进行调整,否则该分项工程即为不合格。悬臂浇筑中增加了横坡检查。

8.10.5　钢斜拉桥的箱梁段制作

为新增加内容,国内已有一些钢斜拉桥,如南京长江第二大桥、军山长江公路大桥、润阳长江公路大桥北汊大桥相继建成。本条参照这些桥的专项质量检验评定标准及施工经验编制而成。

8.10.6　钢斜拉桥箱梁段防护涂装和合龙后工地防护涂装

直接引用第 8.9 节的相关内容。

8.10.7　钢斜拉桥箱梁段的拼装

为新增加内容,分为支架安装(主墩附近或边段)及悬臂拼装两部分,分别列出检测项目。索力检查项目中列出了极值要求,参见 8.10.4 说明。

8.10.8　结合梁斜拉桥的工字梁段制作

为新增加内容,参照一些特大桥的专项质量检验评定标准编制而成。

8.10.9　结合梁斜拉桥工字梁段防护及合龙后工地防护

直接引用第 8.9 节的相关内容。

8.10.10　结合梁斜拉桥工字梁段的悬臂拼装

将原标准的结合梁斜拉桥分为梁段悬臂拼装及混凝土板施工两个分项工程,同时增加了索力极值的要求和横坡检查,索力极值的要求见 8.10.4 说明。

8.10.11　结合梁斜拉桥的混凝土板

同 8.10.10 条说明。

8.11　悬索桥

近年来,国内已建成多座大跨度悬索桥,积累了较丰富的实践检验,为本节修订提供了基础。本节列出工程中常用的检验项目标准,较原标准内容大大增加,由原来的 6 个分项工程(不计支座)扩充为 16 个分项工程。所增加的内容主要是有关构件制作和防护的分项工程。

8.11.1　混凝土索塔

原标准斜拉桥索塔与悬索桥索塔合在一节,本次修订把悬索桥索塔归到悬索桥中,把原断面检测项目细化为外轮廓尺寸和壁厚两项,分别规定了其允许偏差。

8.11.2 锚碇锚固系统制作

为新增加内容。分为预应力锚固体系和刚架锚固系统两种，参照一些悬索桥的专项质量评定标准编制。

8.11.3 锚碇锚固系统安装

预应力锚固系统中，已把预应力锚索的张拉与压浆作为单独的分项工程，因此在基本要求及实测项目中，删去相应的条款和检查项目。

列出了前锚式预应力锚固系统实测项目，拉杆式刚架锚固系统安装的检查项目增加了刚架安装锚杆之平联高差一项。

8.11.4 锚碇混凝土块体

混凝土锚碇通常为大体积混凝土构件，根据以往经验，必须注意两方面，一是控制锚碇混凝土内部最高温度和内外温度差，防止开裂，必须分块、分层浇筑；二是混凝土应有良好的防渗性能，防止水渗入锚体内。据此在基本要求中增加相应的规定。

8.11.5 预应力锚索的张拉与压浆

为新增加内容，参照一些悬索桥的专项质量检验评定标准编制而成。

8.11.6 悬索桥索鞍制作

为新增加内容，分主索鞍和散索鞍。参照一些悬索桥的专项质量检验评定标准编制而成。

8.11.7 索鞍安装

主索鞍在安装时，一般留有预偏心位移，其值由设计确定，在安装加劲梁过程中，主索鞍需按设计规定的阶段和数值，将其调整，最终到达正确位置。因此，在索鞍安装后的一段时间内是允许移动的，最终应锁定牢固。散索鞍安装类似，也要按设计规定，设置预偏量，调整后最终达到正确位置。所设置的底板或格栅是索鞍滑动、固定的平台，故基本要求中增加相关规定。

散索鞍实测项目中，参照一些悬索桥的专项质量检验评定标准，增加了底板扭转及安装基线扭转两项，以更好控制质量。

8.11.8 悬索桥索股和锚头的制作与防护

为新增加内容，参照一些悬索桥的专项质量检验评定标准编制而成。

目前国内都采用工厂制索股，这里列出的是厂制索股的评定标准。国内还未采用现场编缆法制索(AS法)，故未列出其评定标准。个别桥上曾采用工地现场制索股，这不是方向，其索股也应按本条进行评定。

8.11.9　主缆架设

把原标准的主缆架设与防护分为主缆架设和主缆防护两个分项工程。为避免索股弯折,在基本要求中增加索股锚固应与锚板垂直的规定。

实测项目中作了以下改动:

1）在本标准中,对基准索股标高的标准适当放宽,中跨跨中为±1/20000跨径,比一些实桥的要求低些。这是考虑到某些场合风力较大,不易控制,而且要求放宽,对索的受力影响不大。各桥可根据自身情况,提出比本标准更严的指标。基准索股边跨跨中允许偏差为中跨跨中的2倍,主要是因为边跨索股倾斜,其挠度的控制更加困难,故对边跨索股标高要求更为宽松。

2）增加了上、下游基准索股高差的要求。一般索股的标高允许偏差,相对于基准索股,不得出现负值,以免影响基准索股标高的正确性。

3）还增加了主缆直径不圆度这一项检查项目。

4）一般索股与基准索股的相对高差调整为(0,+5mm)

8.11.10　主缆防护

主缆防护单列为一个分项工程,补充了索夹端部缠丝和缆套安装要求。

补列了3项具体检查项目,适用于涂膏、缠丝、涂层这类防护,如还采用了其他防护措施,可适当增加检查项目。

8.11.11　悬索桥索夹制作与防护

为新增加内容,参照一些悬索桥专项质量检验评定标准编制而成。

索夹的制作并不困难,控制质量重点应放在制作材料及其缺陷、损伤程度的检测上,故在基本要求中列出了相应规定。

应要求监理工程师到厂进行检查。

8.11.12　悬索桥吊索和锚头的制作与防护

为新增加内容,参照一些悬索桥专项质量检验评定标准编制而成,适用于平行钢丝、钢丝绳吊杆。

8.11.13　索夹和吊索安装

为新增加内容,选择了索夹偏位、上下游吊点高差及螺杆的紧固力三项内容作为实测项目。

8.11.14　悬索桥钢加劲梁梁段制作

为新增加内容。国内已修建了一些悬索桥,如江阴长江公路大桥、虎门大桥、厦门海沧大桥、丰都长江大桥等,既有钢箱加劲梁,也有钢桁架加劲梁。本分项工程参照这些桥的专项质量检验评定标准及施工经验编制而成。

8.11.15 悬索桥钢加劲梁段防护和工地防护

直接引用第8.9节的相关内容。

8.11.16 悬索桥钢加劲梁安装

其标准与施工技术规范完全一致。

8.12 桥面系和附属工程

新增加的一节。为了与《公路桥涵施工技术规范》(JTJ041—2000)一致,把原标准有关内容移至本节,并补充了一部分内容。

8.12.1 桥面防水层

鉴于桥梁耐久性的要求,桥面防水层已越来越多地被采用,为此增加了这一分项工程的评定内容。由于各种桥面防水材料要求不同,在此所列规定是针对常见的柔性防水材料,评定时应予以注意。

8.12.2 桥面铺装

复合桥面的水泥混凝土铺装单独列出表8.12.2-2,其中平整度也必须作为关键检查项目,鉴于当时伸缩缝未安装,故可用3m直尺检查。

8.12.3 钢桥面板上防水粘结层

为新增加内容,参照一些特大桥的专项检验评定标准编制而成。

8.12.4 钢桥面板上沥青混凝土铺装

根据实际使用效果,钢桥面板上沥青混凝土铺装远不及环氧混凝土铺装,技术上还不太成熟。在此仅列出检验标准以满足使用之需。

8.12.5 支座垫石和挡块

支座垫石的质量好坏,对支座的安装质量有非常直接的关系,因此本次修订将支座垫石列为一个分项工程。

(1) 对支座垫石规定了不得出现蜂窝、麻面及任何裂缝,是因为支座垫石是重要的受力部位。

(2) 支座垫石高程应根据支座实际高度进行调整,需要体系转换、调整结构受力等情况时,应符合设计要求,从严控制。

8.12.6 支座安装

为新增加内容,参照《公路桥涵施工技术规范》(JTJ041—2000)编制。

对四氟滑板式支座,四氟板不能设在支座底面,不锈钢板不能设置在垫石上,位置必须正确。

8.12.7　斜拉桥、悬索桥的支座安装

增加竖向支座滑板中线与桥轴线平行度、横向支座支挡垂直度和平行度3个检查项目,以保证支座滑动平顺和受力均匀。

8.12.8　伸缩缝安装

此处"大型伸缩缝"是指斜拉桥、悬索桥中所使用的伸缩缝。

为避免积水影响行车和渗漏影响支座,增加了不得积水的要求。

检查项目"缝宽",如伸缩缝安装时的温度与设计不同时,缝宽应进行调整后再检查。对一般伸缩缝,由于两侧锚固混凝土宽度小,纵坡要求适当放宽。

8.12.9　混凝土小型构件预制

由原标准的"混凝土浇筑"一节中移至本条。根据原标准实施以来反馈的意见,表8.12.9检查项目"断面尺寸"和"长度"的检查频率由原来的50%调整为30%。

8.12.10　人行道铺设

人行道中未列宽度检查项目,因为桥梁总体检查项目中已列。要求每侧人行道均应检查。

8.12.11　栏杆安装

把原标准中的栏杆、护栏分为两个分项工程,以便于应用,内容未变。

8.12.12　混凝土防撞护栏

同8.12.11说明

8.12.13　桥头搭板

桥头设置搭板是非常普遍的做法,故增加该分项工程。基本要求中对材料、地基及混凝土的浇筑质量等作了规定。

9 涵洞工程

9.1 一般规定

9.1.1 为加强涵洞的检验评定,保障涵洞的工程质量,将每道涵洞作为一个子分部工程进行评定。评分时,可按1~3km组成一个分部工程进行计分。

分项工程按组成构件划分,以便对涵洞进行全面检查。

9.1.5 本条仅适用于明涵,对其他涵洞应纳入路面工程中进行评定。

9.2 涵洞总体

为新增加内容,参照《公路桥涵施工技术规范》(JTJ041—2000)编制。从总体上对涵洞质量提出要求,各类涵洞共有的检查项目和要求也列入本节。

9.3 涵台

涵台是涵洞的重要组成部分,故增加本节,包括常用的砌体涵台和混凝土涵台。

9.4 涵管制作

作为分项工程单独列为一节。

9.5 管座及涵管安装

将原标准相关内容单独列为一节,根据施工技术规范,对管座、垫层、管底坡度及倒虹吸涵管防渗等增加了基本要求。

9.6 盖板制作

作为分项工程单独列为一节。为保证铺装厚度,调整了盖板高度偏差规定。

9.7　盖板安装

新增加的一节,对板的支承面、接缝填料等规定了基本要求,检测项目列出了支承面中心偏位和相邻板高差,以控制板的支承位置和各板平齐。

9.8　箱涵浇筑

新增加的内容,现浇箱涵作为一个分项工程。

9.9　拱涵浇(砌)筑

为新增加内容,参照《公路桥涵施工技术规范》(JTJ041—2000)编制。

9.10　倒虹吸竖井、集水井砌筑

同9.9节说明。

9.11　一字墙和八字墙

为新增加内容,一字墙和八字墙是常用的洞口形式,一般为砌体,故按砌体分项工程要求编制。与洞身、沟槽、边坡等衔接和匹配等规定列入总体分项工程。

9.12　锥坡

锥坡单列为一个分项工程,按防护工程砌体规定进行评定。

9.13　顶入法施工的桥、涵

本次修订增加了对桥、涵各部进行评定的要求。

10 隧道工程

10.1 一般规定

10.1.1 条文中所述的山岭隧道，是指以钻爆法施工的隧道，显然，它也包括采取爆破开挖的城市隧道。采用其他方法如盾构、掘进机、沉埋法施工的隧道，其施工工艺和质量评定标准显然与之不同。

10.1.2 监控量测是判断围岩和衬砌是否稳定，保证施工安全，指导和进行施工管理，提供设计信息的重要手段。因此，标准中补充了监控量测方面的要求，与《公路隧道施工技术规范》(JTJ042—94)相得益彰，相互补充，目的在于提高量测质量和监控量测水平，使监控量测这一新奥法的灵魂发挥应有的作用。

10.1.3 本标准新增了隧道的通风、照明、供配电、监控设施等方面的检验和评定内容。

10.1.4、10.1.5 洞口开挖、洞门和翼墙的浇筑、洞口边仰坡防护、截水沟、排水沟、隧道路基、路面等工程也应按照本标准相关章节进行检验评定。

10.1.6 公路隧道按其长度分类如下：

隧道分类	特长隧道	长隧道	中隧道	短隧道
隧道长度(m)	$L>3000$	$3000\geqslant L>1000$	$1000\geqslant L>500$	$L\leqslant 500$

注：隧道长度系指进出口洞门端墙墙面之间的距离，即两端墙墙面与路面的交线同路线中线交点间的距离。

原标准只笼统地提到洞身开挖分项工程分段划分，不明确，不全面。新标准对如何划分单位工程、分部工程、分项工程作了统一规定。

10.1.7 明确了隧道防排水工程应达到的质量标准，同时与《公路隧道施工技术规范》(JTJ042—94)的要求相一致。鉴于隧道防排水的重要性和已经建成隧道存在不同程度的渗漏通病，因此将防排水要求提升到显要位置，作为一般规定，以突出其重要性。工程建设各方应切实保证防排水质量，防止病害的产生。

10.1.8 鉴于装修项目、种类的多样化，需结合具体的隧道装修设计按《建筑装修工程质量验收规范》(GB50210—2001)确定实测项目，制定相应项目的质量检验评定标准。

10.2　隧道总体

本节的目的在于从总体上保证隧道使用功能而进行的质量评定,内容与以下各节不重复。

10.2.3　高速公路、一级公路隧道渗漏水的危害较其他公路大,因此扣分的下限应提高,其他公路减 1～5 分,高速公路、一级公路就应扣 5～10 分。有冻融地区的隧道存在渗漏水,危害更大,因此应加大扣分量。

10.3　明洞浇筑

明洞是采用明挖法施工的隧道(包含棚洞)。本次修订明确了其检验评定方法。

10.4　明洞防水层

该节为新增内容,目的在于提高防排水质量,使防排结合。

10.5　明洞回填

该节为新增内容,使涉及明洞的质量检验和评定具体化、系统化。

10.6　洞身开挖

洞身开挖是控制隧道后续工序质量的关键工序,爆破成形的好坏对后续工序的质量影响极大,对喷射混凝土和防水层的质量影响尤为严重,因此本次修订将其提升为重要的分项工程,权值为 2,这样才与其地位名副其实,同时也可促进开挖质量的提高。

开挖质量的检查评定应着重局部超挖的控制,采用控制爆破力求开挖轮廓线圆顺,避免局部超挖产生应力集中,影响围岩稳定性。因此,本次修订将平均超挖量要求进行适当放宽。检验评定时应突出开挖轮廓线圆顺。

(1) 浅埋、软弱围岩、断层破碎带等自稳性差的岩层开挖时易发生塌方,采用辅助施工方法如超前锚杆、超前钢管、注浆等对地层进行预加固、超前支护或止水后方可进行开挖是保证施工安全,防止塌方发生的必要手段。

(2) 明确了何时采用哪些方法必须探明前方的地质情况。地质情况不明就盲目开挖是造成塌方的原因之一。

(3) 欠挖应严格控制,新标准进一步明确只有石质坚硬完整且岩石抗压强度大于 30MPa 并确认不影响衬砌结构稳定和强度时才允许欠挖。

(4) 施工中常见因预留变形量不足造成侵界,导致二次衬砌厚度不够需要返工。预留变形量偏大造成不必要的浪费,因此要根据量测信息和围岩类别及时调整。

10.7 (钢纤维)喷射混凝土支护

原标准将锚喷合并作为一个分项工程,在一次支护只有锚杆或喷射混凝土时无法评定其工程质量,且钢筋网漏项。因此,将锚杆、喷射混凝土和钢筋网支护分别作为一个分项工程检验评定能更好地反映各自的工程质量。

原标准喷射混凝土的厚度评定不适用于设计厚度为50mm的情况,因此将最小厚度不得小于60mm调整为最小厚度不得小于50mm。

10.8 锚杆支护

锚杆评定仅采用拉拔力不能正确反映实际工程质量,因此增加了孔位、孔径等指标。工程实践中多采用砂浆锚杆或注浆锚杆,浆饱满是保证锚杆质量的基本保证,否则,杆体会锈蚀失效。因此,将锚杆孔内浆密实饱满列在基本要求。

10.10 仰拱

仰拱与二次衬砌(拱墙部分)不同,属隐蔽工程,及时施工非常重要。质量要求的重点是基底和结构强度,对外观的要求可适当降低,因此取消结构轮廓线条顺直美观这一要求。仰拱施工与二次衬砌(拱墙部分)施工之间存在时间差,设置仰拱段一般地质条件差。二次衬砌(拱墙部分)施工后,如不及时浇筑仰拱使支护结构闭合,会造成衬砌下沉开裂甚至酿成塌方事故。因此,本标准将仰拱作为一个分项工程单独进行评定。

10.11 混凝土衬砌

结合工程实际和调研,对本分项工程的外观鉴定部分中的条文进行了修改并补充了两条。衬砌出现错台影响外观质量,因此应视情况扣分。衬砌混凝土因混凝土养护原因或基底处理达不到承载力要求出现不影响结构的裂缝同样影响外观,因此也应扣分。如裂缝影响结构稳定,该分项工程应返工处理后进行评定。

10.12 钢支撑支护

钢支撑在软弱围岩和浅埋隧道中广泛应用,是重要的支护手段,发挥着重要作用。钢支撑质量直接影响支护质量和效果。因此,本标准新增了钢支撑的质量检验和评定。

10.13　衬砌钢筋

衬砌钢筋是本标准新增的分项工程。Ⅰ、Ⅱ、Ⅲ类围岩模筑混凝土支护中需要配筋,配筋质量非常关键,配筋的质量直接影响结构稳定,因此应特别重视对其的检验评定。

10.14　防水层

本节及10.15节和10.16节是本次修订新增加的分项工程。已建成运营的隧道渗漏已经成公路隧道的通病。防排水的设置没有形成系统,防水层的铺设质量欠佳,开挖质量差等是造成隧道渗漏的基本原因。因此,本次修订增加了对防排水的质量检验和评定。

10.17　超前锚杆

辅助施工措施包括超前锚杆、超前钢管、小导管周壁预注浆、深孔预注浆等。由于目前缺乏对注浆效果的有效检验方法和手段,因此本次修订没有列出涉及注浆的检验评定。

10.18　超前钢管

见10.17节说明。

11 交通安全设施

11.1 一般规定

11.1.1 标志、标线涂料包括玻璃珠、波形梁钢护栏、缆索护栏、突起路标、轮廓标、防眩板(网)、隔离栅、防落网等,都是工厂加工的产品,在运抵工地之前,必须保证这些产品的品质,需经有资质的检测机构检测合格;其次要保证运输环节没有受到损坏,即到达工地之后,要经工地上检验认可。

11.1.2、11.1.3 绿篱做隔离栅和混凝土桥梁护栏参考其他章节。

11.1.5 具体安全设施所采用的钢质材料必须进行防腐处理,防腐的方式有多种,都应符合相应的产品标准或设计规定。

11.2 标志

11.2.1 基本要求

交通标志制作、安装必须满足一些基本条件,例如:标志的形状要正确,尺寸符合要求,反光膜的颜色、字符的尺寸、字体等应符合(GB 5768)《道路交通标志和标线》及 JT/T 279《公路交通标志板技术条件》的规定。

11.2.2 实测项目

标志面反光膜等级及逆反射系数是重点,标志汉字、数字、拉丁字的字体及尺寸,结构件制作质量及镀锌质量,标志基础也应特别注意。道路交通标志和标线标准中规定的汉字字体,是一种黑体(简体)。

标志板安装平整度是影响标志认读的重要因素,标志平整度差,标志面反射亮度的均匀性就差,标志亮度和颜色不均匀,会严重影响标志文字的视认性。要保证标志板的平整度,首先要保证材质、板厚、加强肋的密度及制作安装质量。

标志面的贴膜质量非常重要,包括反光膜表面是否有皱纹、划痕、裂纹及其他损伤,不能有气泡。标志板在粘贴底膜时,横向不允许有接缝。只有丝网印刷的反光膜拼接时才允许平接。

标志立柱、横梁及连接件的质量检验,除基本尺寸外,主要是检查焊接质量和镀锌质量。

金属件的焊接质量和镀锌质量应仔细检查,不得有裂缝、未熔合、夹渣和未填满弧坑等缺陷。对于镀锌构件,首先应检查镀锌层厚度,然后检查镀层是否均匀,颜色是否一致,不允许锌层发黑,起白粉。不允许有流挂、滴瘤或多余结块。镀件表面应无漏镀、露铁等缺陷。

11.3　路面标线

11.3.1　基本要求

路面标线材料应符合 JT/T 280《路面标线材料》的规定。在路面上标线的规划设计,包括颜色、标划形状,应符合 GB 5768《道路交通标志和标线》的规定。

路面标线应满足耐久性、柔韧性、施工性的要求,对施工人员无毒性,对环境无污染。

11.3.2　实测项目

标线线段长度主要指虚线实线段的控制精度,检查时按线段的不同规格分别进行。

标线宽度则受划线机具的影响。喷嘴的安装角度和高度对标线宽度有很大的影响。推(拉)式划线车的标线宽度由斗槽宽度决定。施工前要调整好喷嘴角度和高度,选择好划线机斗槽的宽度。

标线剥落面积是指到工程验收时,标线剥落面积占检查总面积的百分数。

11.4　波形梁钢护栏

11.4.1　基本要求

目前高速公路上波形梁钢护栏作为护栏的重要形式被大量采用。由于生产厂商较多,在设计上存在一定的随意性,因此,对护栏材质和尺寸的要求应严格按 JT/T 281《高速公路波形梁钢护栏》和 JT/T 457《公路三波形梁钢护栏》的规定执行。

有关波形梁钢护栏施工安装方面主要有立柱打入深度不够、连接螺栓孔位置偏移、防阻块扭弯、拼接螺栓孔对不上、基层压实度不够等质量问题,应按 JTJ 074《高速公路交通安全设施设计及施工技术规范》的要求严加控制。

11.4.2　实测项目

波形梁板的厚度一直是质量控制的重点,有的承包商利用钢板负公差来获取非法利润,这样做严重损害了工程质量,降低了护栏板的强度,对护栏整体抗冲击能力非常不利。负公差的测点不允许大量出现。

焊接钢管立柱壁厚的允许偏差为 ± 0.25mm。因此,立柱壁厚为 4.25mm 的也应视为合格。但这种负公差的立柱不允许大量出现。

钢护栏的防腐处理关系到护栏的使用寿命,热浸镀锌和热浸镀铝是比较成熟的防腐方式,由于涂塑和镀锌(铝)后涂塑新安装护栏的颜色多样、外形美观,是目前逐渐使用的方式,但是其防腐效果还有待进一步的工程检验。无论何种方式,都应符合 GB/T 18226《高速公路交通工程钢构件防腐技术要求》的规定。

立柱外边缘距路肩边线距离的检查是为了保证护栏立柱的侧向土压力。

横梁中心高度是指从地面到横梁中心点的距离。

11.5 混凝土护栏

11.5.1 基本要求

混凝土护栏用水泥、砂石、水及添加剂的材质应符合 JTJ 041《公路桥涵施工技术规范》的要求。混凝土的配合比、拌和、运输、浇筑等工序应严加控制,保证混凝土的浇注质量。预制混凝土护栏嵌锁在基础中或通过传力钢筋与基础连接,也应满足设计要求。混凝土护栏块件的损边、掉角应及时修补。

11.5.2 实测项目

中央分隔带混凝土护栏嵌锁在基础中或通过传力钢筋与基础连接时,基础的平整度取决于半刚性基层的施工质量。在混凝土护栏安装以前,应用水准仪控制基础顶面高程,以免造成与设计高程的较大误差。中央护栏高度应由左侧路缘带设计高到护栏顶的距离作为控制。路侧混凝土护栏高度应由右侧路缘带设计高至护栏顶的距离作为控制。

11.6 缆索护栏

11.6.1 基本要求

缆索护栏的关键材料——钢丝绳,须按 GB 699《优质碳素结构钢技术条件》规定材质制造,其硫、磷含量各不得超过 0.036%,并符合 GB/T 8919《制绳用钢丝》的规定。护栏用缆索主要参照日本有关标准确定,该种缆索的构造系根据缆索护栏的特殊应用要求决定的。

缆索护栏的立柱采用普通碳素结构钢制造,立柱用电焊钢管,端部结构和弓形和半弓形立柱可采用铸钢制造。

11.6.2 实测项目

缆索的初张力是保证护栏具有一定刚度和柔性的量度。缆索的初张力采用 196kN。

最下一根缆索安装高度,主要考虑与碰撞车辆的作用位置。路侧缆索护栏最下一根缆索高度为 430mm、缆索间距为 130mm。中央分隔带缆索护栏最下一根缆索高度为 440mm、缆索间距为 170mm。

为保证缆索免受腐蚀而采用单丝热浸镀锌的办法。按 GB 1200《镀锌钢绞线》规定处理,锌层重量 215g/m^2。经热浸镀锌处理的钢丝表面应有一层均匀的锌层,不应出现裂纹、斑疤和露铁现象。用于镀层的锌层满足 GB 470《锌锭》中 0 类的 1 类锌的要求。

11.7　突起路标

11.7.1　基本要求

突起路标的分类、品质应符合 JT/T 390《突起路标》的规定,设置应符合 GB 5768《道路交通标志和标线》的规定。

突起路标应牢固地粘结于路面上,能经受汽车轮胎的冲击而不会脱落。从实际使用情况看,突起路标脱落率高。为解决突起路标与路面牢固粘结问题,应从突起路标的结构上、粘结剂、施工工艺等方面着手。

11.7.2　实测项目

突起路标的光度性能用“发光强度系数”来表示。按发光强度系数的大小,分为 I 级和 II 级。

安装角度主要指反光面的那条边线尽可能与行车方向垂直,允许偏差在 ± 5°以内。

纵向间距指突起路标纵向安装间距的控制精度。突起路标在安装前需精确量距放样,确定位置后,再清理路面、打洞、清渣、吹灰、涂粘结剂、装突起路标、加压、保护(一般需 12h 以上)。

用任何材料制作的突起路标外壳,如:钢化玻璃、陶瓷、聚脂型树脂化合物、塑钢、铝合金材料等,至少应能经受 160kN 的压力而不会损坏。

11.8　轮廓标

11.8.1　基本要求

轮廓标的结构、分类、技术性能应符合 JT/T 388—1999《轮廓标》的规定。轮廓标的布设应按 JTJ 074《高速公路交通安全设施设计及施工技术规范》的规定进行。埋设于土中的轮廓标,应保证柱体垂直,表面平整。长方形的反光片应嵌入轮廓标柱体表面内,以防逆反射材料被盗或人为破坏。附着于护栏上的轮廓标,无论安装于波形梁槽内,还是安装于护栏板上方,轮廓标反光面应尽可能垂直于交通流方向,以便获得最好的反光效果。

11.8.2　实测项目

轮廓标柱体截面为三角形,其底边长为(100 ± 5)mm,高为(120 ± 5)mm。柱式轮廓标的总长为(1250 ± 10)mm。

柱式轮廓标的安装角度控制在 0° ~ 5°范围。附着于护栏上的轮廓标,其安装角度也应控制在 0° ~ 5°范围内。

逆反射系数是平面逆反射表面上发光强度系数与它表面积的商,该技术指标与 JT/T 279《公路交通标志板技术条件》保持一致,也与 ASTM D4956—93、BS 873、AS 1906、L - S -

300C 等国际标准保持一致。

反射器的光度性能用发光强度系数来衡量,发光强度系数是逆反射在观察方向上的发光强度除以投向逆反射体且落在垂直于入射光方向的平面内的光照度的商。这与 JT/T 390《突起路标》保持一致,而且与国际标准 BS 873、AS 1906、ASTM D4280—94a 等保持一致。

11.9 防眩设施

11.9.1 基本要求

防眩设施是设置在道路中央分隔带上用于消除汽车前照灯夜间眩光影响的道路交通安全设施。防眩设施的外观、结构形式应注意和道路景观相协调,与道路线形配合顺畅,美观大方。

防眩设施的材质应符合 JTJ 074《高速公路交通安全设施设计及施工技术规范》及 JT/T 333《公路防眩设施技术条件》的规定或符合设计要求。合成材料应满足耐候性和耐腐蚀性的要求。

11.9.2 实测项目

防眩设施的遮光角和防眩高度应满足设计要求。防眩高度与驾驶员的视线高度和前照灯的高度有直接关系。通过实际调查,在我国实际行驶的车辆群体中,由于车辆结构和驾驶员个体等因素的差别,驾驶员的视线高度变化很大。一般小轿车的驾驶员视线高度为 1.30m、大客车为 2.20m、卡车为 2.00m。小型车前照灯高度为 0.8m、大型车为 1.0m。因此,一般路段防眩设施安装相对高度为 1600 ~ 1700mm、平(竖)曲线路段为 1200 ~ 1800mm。

防眩板的宽度与防眩遮光角及防眩板的间距有关,一般由设计确定。一旦防眩板的宽度确定后,应按规定尺寸制作。允许偏差为 ± 5mm。

防眩板的设置间距与防眩板的宽度及设定的遮光角有关。防眩板的间距一般取整数,并需考虑与护栏间距(节长)相配合。允许偏差应在 ± 10mm 以内。

防眩板的竖直度用垂线、直尺(或塞尺)测量。竖直度关系到防眩设施的外形美观,严重时还会影响防眩效果。

11.10 隔离栅和防落网

11.10.1 基本要求

隔离栅和防落网用的材料应符合 JT/T 374《隔离栅技术条件》的规定,或符合设计要求。所用的各种立柱不应有明显的变形、卷边、划痕等缺陷。安装好的网面要求平整,无明显翘曲现象。

上跨桥上的防落网应能防止有人向桥下高速行驶车辆抛扔物品,网孔选择得当,网孔均匀,结构牢固,围封严密。

隔离栅的起终点,或遇桥梁、通道需要断开的地方,应针对不同情况作出专门的端头围封,以防人畜在这些围封的地方钻入隔离带内。

11.10.2　实测项目

隔离栅或防落网的网片的防腐层厚度跟钢丝直径或板材厚有关,并应符合 JT/T 374《隔离栅技术条件》中表 24 的规定以及 GB/T 18226《高速公路交通工程钢构件防腐技术条件》的规定。

网面平整度是衡量铺网质量的一项重要指标。不管是有框架的,还是整网铺设的网片,都有一个绷紧的问题。

立柱的竖直度用垂线、直尺(或塞尺)测量。

12 环保工程

12.1 一般规定

12.1.1 目前,公路行业实施的环保工程主要为声屏障工程、绿化工程以及服务区污水处理设施工程等。由于服务区污水处理设施工程与房建关系较大,因此,本标准将其划入房建工程,其质量检验与评定应参照有关专业规定进行。本部分只规定了声屏障工程和绿化工程的质量检验与评定。

12.1.2 由于一级以下等级公路一般不具有中央分隔带、服务区等设施,且其绿化工程的规模一般较小,其质量检验与评定的重点以及要求与一级以上公路不同。因此,本标准中的绿化工程部分仅适用于高速公路和一级公路绿化工程的质量检验与评定,其他等级公路在实施绿化工程时可参照使用。

12.1.3 由于绿化工程的特殊性,对其质量检验评定的时间也有特殊要求。

绿化工程的施工过程一般为:定点、放线──→土壤改良──→种植穴、槽开挖及绿地整理──→施基肥、保水剂等──→植物种植──→养护管理。因此,其工程质量检验评定应按上述过程进行。植物材料如苗木、种子以及绿化辅助材料如肥料、无纺布、土工合成材料等一般在施工前运抵施工现场,其质量应在施工前进行检验与控制。

植物材料是否成活必须经过一定的生长周期才能予以确认。一般来说,乔木、灌木以及攀缘植物从定植之日起经过一个年生长周期后,是否成活很容易确定。因此,种植材料的成活率、发芽率、覆盖率等实测项目的检验与评定应在一个年生长周期满后进行。

12.1.4 本条规定了绿化工程所使用的苗木、种子的质量必须符合设计要求。为确保植物材料的成活率,苗木挖掘、包装宜符合 CJ/T 24《城市绿化和园林绿地用植物材料——木本苗》的规定。为防止病虫害的传播,国家法律规定在进行异地调拨苗木、种子时必须进行检疫,因此,外地调入的苗木、种子必须提供植物、种子检疫报告。同时,为控制种子的质量,须提供由国家法定种子检验机构出具的种子检验报告。所使用的绿化辅助材料均应有产品合格证、检验报告或现场试验报告,以确保绿化工程的质量。

12.1.5 土壤是植物生存的基础,其质量的好坏直接影响苗木的成活率、种子的发芽率以及生长速度。因此,JTJ033《公路路基施工技术规范》中规定在路基工程施工前,应剥离并堆存自然表土,在公路施工完后回覆可绿化场地供绿化使用。因此,公路绿化用土应采用公路施工前剥离并保留的表土或适合植物生长、肥力较高的熟土、耕作土或森林腐殖质土。绿化场地的土壤理化性质对绿化工程的成败极为重要,种植地的土壤如含有建筑废土及其他有害成分,以及强酸性土、强碱土、盐土、盐碱土、重粘土、沙土等,均应根据设计规定,采用客土或采取改良土壤的技术措施后方可进行绿化植物的种植。同时,须对改良后的场地进行土质检验,并提交土质检验报告和土壤改良措施报告作为绿化用土质量检验评定的一个重要依据。

12.1.6　植物种植或养护用水对植物的成活有较大影响,应符合 GB 5084《农田灌溉水质标准》之规定。

12.1.7　植物材料的覆盖物如塑料薄膜、无纺布以及包装材料如聚乙烯袋等在使用完毕后应及时清理出绿化场地,不得随意乱弃。

12.1.8　重要说明:本部分所指的成活率、覆盖率等指标均是指设计的可绿化场地的绿化施工质量要求,不是对整个路段的要求,即不是整个路段的绿化率的概念。

12.1.9　声屏障包括砌块体声屏障和金属结构声屏障,其中金属结构声屏障指支撑体为金属结构,其屏体可包括 PC 板、微孔吸声板、玻璃等材料。

12.2　砌块体声屏障

12.2.1　基本要求

(1) 着重强调砌块体声屏障使用的材料必须符合设计要求,通过检验合格。

(2) 砌筑基础前,对基础放线的尺寸严格校核,并填写纪录。

(3) 明确规定在砌筑体基底标高不同和折角及交接处砌筑的顺序,预留施工洞口的净宽度限值为 1m,砌筑墙体的防风高度限值为 2m。

(4) 强调砌筑体内的钢筋在潮湿及腐蚀性环境下要采取防腐措施。

(5) 强调排水设计符合设计要求。

12.2.2　实测项目确定

(1) 声屏障作为降低噪声的功能性环保设施,突出其降噪效果的检验评定是必要的,一般要由具有噪声监测资质的单位进行声屏障插入损失量的监测,监测方法要符合国家的相关标准要求。

(2) 减小干扰道路景观,声屏障线形应与道路线形保持一致,采用“与路肩边线位置偏移”指标进行检验。

(3) 通过检验墙体的高程、竖直度、厚度及顺直度保证墙体外形尺寸符合设计要求,线形流畅。

（4）通过检验墙体的水平灰缝，约束砌块结构砌筑质量。

（5）通过检验墙体的表面平整度，保证整体美观。

12.2.3 外观鉴定

（1）重视控制施工过程中墙体表面破损程度，确保外观质量。

（2）重视对砌体缺陷及时弥补，瞎缝、透明缝是墙体的薄弱区域，应采用必要措施避免和修补。瞎缝、透明缝的概念参见建设部相关标准。

12.3 金属结构声屏障

12.3.1 基本要求

（1）着重强调基础埋置深度及基础采用的材料符合设计要求，保证基础稳定。

（2）着重强调金属立柱（支架）的规格和材质不低于设计要求。

（3）着重强调焊接材料及紧固件符合设计要求，焊接无缺陷。

（4）采取可靠措施防止声屏障立柱、连接件及屏体运输时变形及防腐层破坏，强调禁止安装变形构件。

（5）固定螺栓要求紧固，封头无缺陷，同时位置、数量要符合设计要求。

（6）强调屏体与基础的联接缝要密实，符合设计要求。

12.3.2 实测项目

（1）声屏障作为降低噪声的功能性环保设施，突出其降噪效果的检验评定是必要的，一般要由具有噪声监测资质的单位进行声屏障插入损失量的监测，监测方法要符合国家的相关标准要求。

（2）减小干扰道路景观，声屏障线形应与道路线形保持一致，采用"与路肩边线位置偏移"指标进行检验。

（3）检验"顶面高程"是为了保证声屏障设计高度。

（4）检验"立柱中距"及"竖直度"是保证立柱放线及调试质量，同时保证屏障体整齐、美观。

（5）镀涂层厚度的检验，保证金属立柱、屏体及连接件的防腐处理达到设计要求，满足设计年限的要求。

（6）屏体的外形尺寸的检验保证屏体加工质量符合设计要求。

12.3.3 外观鉴定

（1）重视对立柱表面镀涂层的保护，保证立柱美观。

（2）重视对屏体表面的保护。

（3）重视基础外观美观，同时不破坏原有的道路及构筑物。

（4）重视屏体间的缝隙密实（缝隙来自屏体加工缺陷），及时修补。

12.4　中央分隔带绿化

12.4.1　中央分隔带苗木修剪后的高度在1.4～1.6m时,既能较好地起到防眩作用,又能避免过高的树木给司乘人员带来的压抑感。因此,高于1.6m的苗木应进行修剪,达不到1.4m的苗木应进行换苗补植。由于中央分隔带在通车后进行绿化养护时危险性较大,为减少修剪维护的次数,应选择生长缓慢、枝叶繁茂、耐修剪、整形效果好、抗污染的树种。同时,为确保苗木成活率,土层厚度须满足植物生长所需的最低土层厚度,鉴于中央分隔带苗木的高度为1.4～1.6m,必须回填600mm以上的种植土。

12.4.2　为满足防眩作用,中央分隔带苗木的成活率须大于95%,在上海、广东等雨水条件较好的地区,其成活率可要求达到100%。因此,其权值较大。

12.4.3　苗木枝条伸出中央分隔带容易引发交通事故;有烧膛、偏冠现象的苗木成活率较低;苗木栽植杂乱无章、树干或树木的重心未与地面垂直等将影响中央分隔带绿化的整体效果与防眩功能。因此,凡有上述情况发生应进行减分。中央分隔带连续缺株4株以上(含4株)的,其防眩效果大大降低,每处应减2分。

12.5　路侧绿化

12.5.1　路侧绿地指路肩以外、隔离栅以内的可绿化区域。

(1) 边坡绿化的主要目的是覆盖裸露的表土,防止水土流失,因此应选用生长较快、发芽率高、覆盖效果好、根系发达的种植材料,同时,出于安全考虑,高速公路边坡一般不宜种植高大的乔木树种;边沟外侧绿化的目的主要为防风、防沙,因此应选用防风、防沙功能较强的种植材料;隔离栅绿化的主要目的是覆盖隔离栅、起隔离作用,防止行人、动物等进入隔离带内,因此应选用覆盖效果好、攀缘性强的灌木和藤本植物。为防止未及时栽植的苗木因失水而降低成活率,应在绿化场地附近开沟,将苗木直立摆放在沟内覆土进行假植。

(2) 边坡绿化施工的方法较多,如种子撒播、客土喷播、灌木栽植、草坪铺植等,因此,对于采取了特殊工艺的边坡绿化工程,其质量检验与评定还应根据施工方法而执行相应的施工过程质量检验与控制。

(3) 边坡绿化施工应保证公路路基的稳定性。

12.5.2　由于路侧绿化主要强调地被植物的覆盖率,因此实测项目主要侧重草坪覆盖率和其他地被植物的发芽率的检验。

12.5.3　草坪连续空白面积达0.5m^2将造成较为严重的水土流失,因此,每处应减1～2分。

12.6 互通立交区绿化

12.6.1 互通立交区的整地较为重要,应符合设计要求,并有利于排水;植物图案的定点、放线对互通立交区的整体绿化效果极为重要,应在设计人员的指导下进行;一般来说,互通立交区的高大乔木较少,为保持整体构图效果,其成活率应达到100%;为保证行车安全,互通立交区树木种植必须与行车道保持一定距离,以满足汽车的安全视距。

12.6.2 实测项目中苗木成活率和草坪覆盖率对互通立交区绿化效果都很重要,因此其权值相等。

12.6.3 绿地中有明显的集水区将影响植物生长,同时对互通立交区整体构图的美观性有影响。

12.7 养护管理区、服务区绿化

12.7.1 养护管理区、服务区可参照城市园林绿化施工与验收规范进行施工与验收;绿地中的绿化附属设施如喷灌设施、给排水设施、绿地护栏、花池挡墙、园路、面层铺设等设施的质量检验评定应按(GB 50300)《建筑工程施工质量验收统一标准》所列项目进行;为确保绿化效果,绿地中的孤植树、珍贵树木以及乔木树种的成活率应达到100%;绿地草坪的草种选择及施工工艺应符合设计文件要求。

12.7.2 实测项目偏重于苗木成活率与草坪覆盖率的检查,在进行实测项目检验时,应注意同时满足12.7.1条第3项的要求。

12.7.3 绿地中有微地形设计的,其放线应在设计人员的指导下进行,其放线偏差不应超过±5%;绿地中树木的树干重心应与地面垂直,不符合规定应减分。

12.8 取、弃土场绿化

12.8.1 取、弃土场水土流失较为严重,因此必须结合水土保持工程措施进行绿化;取、弃土场一般为生土,建筑垃圾较多,因此应采用回填种植土、挂网客土喷播以及土壤改良等措施营造适合植物生长的环境条件后方可进行绿化。

12.8.2 由于取、弃土场立地条件较差,绿化较为困难,因此实测项目中对苗木成活率及草坪覆盖率的要求较低。

12.8.3 树木、草坪有明显病虫害及未采取水土保持工程防护措施的应减分。

附录 A　单位、分部及分项工程的划分

删除原标准中所有的“为单元”,以免造成歧义。

1　路基工程

将符合小桥标准的通道和人行天桥按小桥分部工程划分,涵洞不再按类型划分。大型挡土墙以每处为一个分部工程,对其作了定义。排水工程和砌筑防护工程应根据其数量、工程特点以及施工程序划分。

2　路面工程

路面分部工程增加路面边缘排水系统分项。

3　桥梁工程

基础及下部构造根据工程特点可以每墩台为一个分部工程,中桥也可以整座桥的下部构造为一个分部工程,以特大桥为主体建设项目的工程划分应充分考虑工程规模和标段划分。

4　互通立交工程

如立交中的独立标段包含主线路基路面,则单独作为一个分部工程。分离式立交仍归桥梁工程。

5　隧道工程

划分更细致,对中小型隧道仍可合并部分分部工程。

6　交通工程

将交通工程分为交通安全设施和交通工程机电工程,作为两个独立的单位工程。交通安全设施分部工程的路段长度进行了调整。

7　增加环保工程,房屋建筑工程也纳入进来作为单位工程。环保工程包括声屏障、绿化工程两个分部工程。

房屋建筑工程按其相应的专业工程质量检验评定标准进行评定。

如有本附录未列出的分项工程,但又无法列入其他单位工程时,可放到本单位工程另设的分部工程中。

附录 B 路基、路面压实度评定

B.0.1 对于标准试验组数，有些施工单位一般做一组最佳含水量和最大干密度试验确定标准密度。但是，标准密度值是衡量现场压实度的尺度，要求具有足够精度。对于均质土壤和材料，由于平行试验误差，一组试验求得的标准值难以如实反映试样的实际情况，为此，规定标准密度一般应作平行试验，以平均最大干密度作为标准密度值。

B.0.2 现场压实度检查试验方法，对粗粒土和路面结构采用灌砂法、水袋法，必要时采用钻孔取样蜡封法；对于细粒土，按照土工试验规程，环刀法和灌砂法两种试验方法均可采用，核子密度仪可作适时快速检控应用，但需与常规方法进行对比，以验证其可靠性。

B.0.3 特定土质或材料的压实质量主要取决于压实工艺及其含水量等条件，但土质和材料的均匀性对压实度指标也会带来明显影响，实际上，一定程度的不均匀性在所难免。为此，采用数理统计方法进行压实度合格评定，并增列了单点极值规定是合理的。压实度代表值和单点极值均作为否决指标，任一指标低于规定值时，相应分项工程评为不合格。

小样本数压实度检查评定见 4.1.3 条说明。

保证率系数表增加了大于 100 按正态分布计算的计算公式。

附录 C　水泥混凝土弯拉强度评定

本附录内容与 JTG F30《公路水泥混凝土路面施工技术规范》基本一致。

原 98 标准存在的问题是:

1　试件组数小于等于 10 组时,试件平均强度不得小于 1.05 设计强度。此规定偏低,实际反映小样本比多样本更容易满足规定要求。

2　对 10~20 组试件缺少最小强度值的规定。

3　取样频率设定不如 JTG F30《公路水泥混凝土路面施工技术规范》明确、具体。

此次修订对上述三个问题作了修改和协调处理。

附录 D　水泥混凝土抗压强度评定

最近，公路桥涵设计、施工规范都进行了修订，其中水泥混凝土以强度等级标称，与本标准及国标《混凝土强度检验评定标准》（GBJ 107—87）一致。强度等级 C 是以边长 150mm 的立方体试件，按标准方法制作和试验，28d 龄期且具有 95%保证率的抗压强度，与过去混凝土标号 M 的关系为：C = M – 2，其单位为 MPa。

应该尽可能采用更加科学合理的数理统计评定方法。只要强度相同，龄期相同，材料来源、生产工艺条件和配合比相同，都应采用数理统计评定方法，以求能较真实地反映实际情况。文中同批梁可以每孔或每二、三孔作为一批，对中小跨径桥的桩、盖梁，可以数孔作为一批。每批的混凝土试件组数也不宜太多，一般不超过 80 ~ 100 组。

至于同批的时间范围以不超过一个季度，且日平均气温差小于 15℃为宜。超过此范围时，则不应视作同批，而应分别评定。

采用数理统计评定方法时，标准差 S_n 是一个重要的参数，因为强度代表值要用强度平均值减去 K_1S_n，如果试件混凝土强度差异较大，则 S_n 大，相应强度代表值就越小。因此，施工企业必须尽可能使混凝土强度较为均匀，即减小 S_n 值，把它作为衡量企业素质的一个标准，不应在施工过程中，任意增添水泥用量，否则反而可能造成多用了水泥，但却不合格的后果。

如果用钻取芯样来检测混凝土强度，可按中国工程建设标准化委员会的《钻芯法检测混凝土强度技术规程》（CECS 03—88）进行。

附录 E　喷射混凝土抗压强度评定

喷射混凝土试件的尺寸、强度的评定方法均不同于水泥混凝土。内容按国标《锚杆喷射混凝土支护技术规范》(GBJ 86—85)及行业标准《公路隧道施工技术规范》(JTJ 042—94)编写,两者不一致时,以国标规定为准。国标仅对重点工程采用数理统计评定,由于隧道锚喷支护为一般工程,故用非数理统计评定。

附录F 水泥砂浆强度评定

本附录内容与国标《砖石工程施工及验收规范》(GBJ 203—83)一致。

附录 G　半刚性基层和底基层材料强度评定

本附录内容摘自《公路路面基层施工技术规范》(JTJ 034—2000)。对试件数量作了合理调整。

附录 H 路面结构层厚度评定

本附录主要内容摘自《公路路面基层施工技术规范》(JTJ 034—2000)。

厚度质量评定:确保结构层的平均厚度,以代表值是否小于设计厚度减代表值的允许偏差为评定标准,如超出,则相应分项工程评为不合格;如未超出,则按单点测定值是否超过单点合格值计算合格率并计分。

对使用路面雷达测试系统等快速、高效无损检测方法,检测频率高一些,仍可按此评定。

附录I　路基、柔性基层、沥青路面弯沉值评定

本附录修改的主要内容为：

1　按《公路沥青路面设计规范》(JTJ014—97)修改与保证率有关的系数。

2　对路基和柔性基层、底基层的弯沉代表值超出要求时的计算和处理方法提出了要求，对于路面面层未明确提出必须执行。

3　规定用两台弯沉仪同时测定左、右轮弯沉值时，应按两个独立测点计，而不能采用左、右两点的平均值。

4　增加了温度修正和季节修正的考虑因素。

使用连续式自动弯沉检测设备，当检测频率在每3~5m一处时，路段长度应进行对比计算或考虑按每200m一段(80~120个点)计算。

附录 J　工程质量检验评定用表

按分项工程、分部工程、单位工程和建设项目分别制定检验评定用表。

附表 J-5 工程汇总表用于相同结构的分部工程或单位工程汇总，也可用于分段多次评定的分项工程汇总，以便进行上一级工程质量评定。由于大桥、长隧道权值为 2，中桥、其他隧道权值为 1，故列出权值、加权得分两列，结果是加权平均分。

附录 K　路面横向力系数评定

原标准中横向力系数(SFC)在统计评价时均直接计算算术平均值及合格率,该方法不能体现出路段中的薄弱区间,由于此指标是关系到路面行车安全性的重要参数,应通过更合理的数理统计方法客观反映路段的总体安全质量水平。

根据对历年全国代表性地区高速公路路面 SFC 的原始采样数据分布检验分析,SFC 指标的数据符合正态分布。考虑到采样样本数量的原因,适合采用 t 分布单边置信度保证率系数计算 SFC 代表值进行判别评价,因此本次修订做了修改。

公路工程现行标准、规范、规程、指南一览表

（2017 年 5 月版）

序号	类别		编　　号	书名（书号）	定价（元）
1	基础		JTG A02—2013	公路工程行业标准制修订管理导则（10544）	15.00
2			JTG A04—2013	公路工程标准编写导则（10538）	20.00
3			JTJ 002—87	公路工程名词术语（0346）	22.00
4			JTJ 003—86	公路自然区划标准（0348）	16.00
5			JTG B01—2014	★公路工程技术标准（活页夹版，11814）	98.00
6			JTG B01—2014	★公路工程技术标准（平装版，11829）	68.00
7			JTG B02—2013	公路工程抗震规范（11120）	45.00
8			JTG/T B02-01—2008	公路桥梁抗震设计细则（13318）	45.00
9			JTG B03—2006	公路建设项目环境影响评价规范（0927）	26.00
10			JTG B04—2010	公路环境保护设计规范（08473）	28.00
11			JTG B05—2015	★公路项目安全性评价规范（12806）	45.00
12			JTG B05-01—2013	公路护栏安全性能评价标准（10992）	30.00
13			JTG B06—2007	公路工程基本建设项目概算预算编制办法（06903）	26.00
14			JTG/T B06-01—2007	★公路工程概算定额（06901）	110.00
15			JTG/T B06-02—2007	★公路工程预算定额（06902）	138.00
16			JTG/T B06-03—2007	★公路工程机械台班费用定额（06900）	24.00
17			交通部定额站 2009 版	公路工程施工定额（07864）	78.00
18			JTG/T B07-01—2006	公路工程混凝土结构防腐蚀技术规范（13592）	30.00
19			交通部 2007 年第 30 号	国家高速公路网相关标志更换工作实施技术指南（1124）	58.00
20			交通部 2007 年第 35 号	收费公路联网收费技术要求（1126）	62.00
21			交通运输部 2015 年第 40 号	★收费公路联网收费多义性路径识别技术要求（12484）	40.00
22			JTG B10-01—2014	公路电子不停车收费联网运营和服务规范（11566）	30.00
23			交通运输部 2011 年	公路工程项目建设用地指标（09402）	36.00
24	勘测		JTG C10—2007	★公路勘测规范（06570）	28.00
25			JTG/T C10—2007	★公路勘测细则（06572）	42.00
26			JTG C20—2011	公路工程地质勘察规范（09507）	65.00
27			JTG/T C21-01—2005	公路工程地质遥感勘察规范（0839）	17.00
28			JTG/T C21-02—2014	公路工程卫星图像测绘技术规程（11540）	25.00
29			JTG/T C22—2009	公路工程物探规程（1311）	28.00
30			JTG C30—2015	★公路工程水文勘测设计规范（12063）	70.00
31	设计	公路	JTG D20—2006	★公路路线设计规范（0996）	38.00
32			JTG/T D21—2014	公路立体交叉设计细则（11761）	60.00
33			JTG D30—2015	★公路路基设计规范（12147）	98.00
34			JTG/T D31—2008	沙漠地区公路设计与施工指南（1206）	32.00
35			JTG/T D31-02—2013	★公路软土地基路堤设计与施工技术细则（10449）	40.00
36			JTG/T D31-03—2011	★采空区公路设计与施工技术细则（09181）	40.00
37			JTG/T D31-04—2012	多年冻土地区公路设计与施工技术细则（10260）	40.00
38			JTG/T D32—2012	★公路土工合成材料应用技术规范（09908）	42.00
39			JTG D40—2011	★公路水泥混凝土路面设计规范（09463）	40.00
40			JTG D50—2017	★公路沥青路面设计规范（13760）	50.00
41			JTG/T D33—2012	公路排水设计规范（10337）	40.00
42		桥隧	JTG D60—2015	★公路桥涵设计通用规范（12506）	40.00
43			JTG/T D60-01—2004	公路桥梁抗风设计规范（0814）	28.00
44			JTG D61—2005	公路圬工桥涵设计规范（13355）	30.00
45			JTG D62—2004	公路钢筋混凝土及预应力混凝土桥涵设计规范（05052）	48.00
46			JTG D63—2007	公路桥涵地基与基础设计规范（06892）	48.00
47			JTG D64—2015	★公路钢结构桥梁设计规范（12507）	80.00
48			JTG D64-01—2015	公路钢混组合桥梁设计与施工规范（12682）	45.00
49			JTG/T D65-01—2007	公路斜拉桥设计细则（1125）	28.00
50			JTG/T D65-04—2007	公路涵洞设计细则（06628）	26.00
51			JTG/T D65-05—2015	公路悬索桥设计规范（12674）	55.00
52			JTG/T D65-06—2015	公路钢管混凝土拱桥设计规范（12514）	40.00
53			JTG D70—2004	公路隧道设计规范（05180）	50.00
54			JTG/T D70—2010	★公路隧道设计细则（08478）	66.00
55			JTG D70/2—2014	公路隧道设计规范　第二册　交通工程与附属设施（11543）	50.00
56			JTG/T D70/2-01—2014	公路隧道照明设计细则（11541）	35.00
57			JTG/T D70/2-02—2014	公路隧道通风设计细则（11546）	70.00

续上表

序号	类别		编　号	书名(书号)	定价(元)
58	设计	交通工程	JTG D80—2006	高速公路交通工程及沿线设施设计通用规范(0998)	25.00
59			JTG D81—2006	★公路交通安全设施设计规范(0977)	25.00
60			JTG/T D81—2006	★公路交通安全设施设计细则(12609)	50.00
61			JTG D82—2009	公路交通标志和标线设置规范(07947)	116.00
62		综合	交公路发〔2007〕358 号	公路工程基本建设项目设计文件编制办法(06746)	26.00
63			交公路发〔2007〕358 号	公路工程基本建设项目设计文件图表示例(06770)	600.00
64			交公路发〔2015〕69 号	公路工程特殊结构桥梁项目设计文件编制办法(12455)	30.00
65	检测		JTG E20—2011	公路工程沥青及沥青混合料试验规程(09468)	106.00
66			JTG E30—2005	公路工程水泥及水泥混凝土试验规程(13319)	55.00
67			JTG E40—2007	★公路土工试验规程(06794)	79.00
68			JTG E41—2005	公路工程岩石试验规程(0828)	18.00
69			JTG E42—2005	公路工程集料试验规程(13353)	50.00
70			JTG E50—2006	★公路工程土工合成材料试验规程(0982)	28.00
71			JTG E51—2009	公路工程无机结合料稳定材料试验规程(08046)	48.00
72			JTG E60—2008	公路路基路面现场测试规程(07296)	38.00
73			JTG/T E61—2014	公路路面技术状况自动化检测规程(11830)	25.00
74	施工	公路	JTG F10—2006	公路路基施工技术规范(06221)	40.00
75			JTG/T F20—2015	★公路路面基层施工技术细则(12367)	45.00
76			JTG/T F30—2014	公路水泥混凝土路面施工技术细则(11244)	60.00
77			JTG/T F31—2014	公路水泥混凝土路面再生利用技术细则(11360)	30.00
78			JTG F40—2004	★公路沥青路面施工技术规范(05328)	38.00
79			JTG F41—2008	公路沥青路面再生技术规范(07105)	25.00
80		桥隧	JTG/T F50—2011	★公路桥涵施工技术规范(09224)	110.00
81			JTG/T F81-01—2004	公路工程基桩动测技术规程(0783)	20.00
82			JTG F60—2009	公路隧道施工技术规范(07992)	42.00
83			JTG/T F60—2009	公路隧道施工技术细则(07991)	58.00
84		交通	JTG F71—2006	★公路交通安全设施施工技术规范(0976)	20.00
85			JTG/T F72—2011	公路隧道交通工程与附属设施施工技术规范(09509)	35.00
86	质检安全		JTG F80/1—2004	公路工程质量检验评定标准　第一册　土建工程(05327)	46.00
87			JTG F80/2—2004	公路工程质量检验评定标准　第二册　机电工程(05325)	26.00
88			JTG G10—2016	公路工程施工监理规范(13275)	40.00
89			JTG F90—2015	★公路工程施工安全技术规范(12138)	68.00
90	养护管理		JTG H10—2009	公路养护技术规范(08071)	49.00
91			JTJ 073.1—2001	公路水泥混凝土路面养护技术规范(13658)	20.00
92			JTJ 073.2—2001	公路沥青路面养护技术规范(13677)	20.00
93			JTG H11—2004	公路桥涵养护规范(05025)	30.00
94			JTG H12—2015	公路隧道养护技术规范(12062)	60.00
95			JTG H20—2007	公路技术状况评定标准(13399)	25.00
96			JTG/T H21—2011	★公路桥梁技术状况评定标准(09324)	46.00
97			JTG H30—2015	公路养护安全作业规程(12234)	90.00
98			JTG H40—2002	公路养护工程预算编制导则(0641)	9.00
99	加固设计与施工		JTG/T J21—2011	公路桥梁承载能力检测评定规程(09480)	20.00
100			JTG/T J21-01—2015	公路桥梁荷载试验规程(12751)	40.00
101			JTG/T J22—2008	公路桥梁加固设计规范(07380)	52.00
102			JTG/T J23—2008	公路桥梁加固施工技术规范(07378)	30.00
103	改扩建		JTG/T L11—2014	高速公路改扩建设计细则(11998)	45.00
104			JTG/T L80—2014	高速公路改扩建交通工程及沿线设施设计细则(11999)	30.00
105	造价		JTG M20—2011	公路工程基本建设项目投资估算编制办法(09557)	30.00
106			JTG/T M21—2011	公路工程估算指标(09531)	110.00
1	技术指南		交公便字〔2006〕02 号	公路工程水泥混凝土外加剂与掺合料应用技术指南(0925)	50.00
2			厅公路字〔2006〕418 号	公路安全保障工程实施技术指南(1034)	40.00
3			交公便字〔2009〕145 号	公路交通标志和标线设置手册(07990)	165.00

注:JTG——公路工程行业标准体系;JTG/T——公路工程行业推荐性标准体系;JTJ——仍在执行的公路工程原行业标准体系。

带"★"的表示有勘误,详见中国交通运输标准服务平台 www.yuetong.cn/bzfw。